U0333676

JS

高鹏 编著

JS全书：JavaScript Web前端开发指南

清华大学出版社
北京

内 容 简 介

本书从JavaScript的基础语法开始讲解，循序渐进地介绍了JavaScript的必备知识和高级技巧，并通过大量实例带领读者掌握Web前端开发中常用的JavaScript知识及开发技巧。本书着重于为JavaScript编程开发人员及爱好者提供简单易懂、清晰明了的学习路径。本书结构清晰，内容编排由浅入深，能够帮助读者拥有Web开发中不可或缺的能力和技巧。

本书既适合JavaScript语言初学者，也适合JavaScript语言进阶者。

图书在版编目（CIP）数据

JS全书：JavaScript Web前端开发指南 / 高鹏编著. -- 北京：清华大学出版社, 2020.3
ISBN 978-7-302-54394-7

Ⅰ. ①J… Ⅱ. ①高… Ⅲ. ①JAVA语言—程序设计—指南 Ⅳ. ①TP312.8-62

中国版本图书馆CIP数据核字(2019)第264543号

责任编辑：陈绿春
封面设计：潘国文
责任校对：胡伟民
责任印制：沈　露

出版发行：清华大学出版社
网址：http://www.tup.com.cn，http://www.wqbook.com
地址：北京清华大学学研大厦A座　邮　编：100084
社总机：010-62770175　邮　购：010-62786544
投稿与读者服务：010-62776969, c-service@tup.tsinghua.edu.cn
质量反馈：010-62772015, zhiliang@tup.tsinghua.edu.cn
印 装 者：三河市君旺印务有限公司
经　　销：全国新华书店
开　　本：188mm×260mm　印　张：14.5　字　数：415千字
版　　次：2020年5月第1版　印　次：2020年5月第1次印刷
定　　价：59.00元

产品编号：075803-01

前言

自互联网出现以来，Web 前端便不断地发生变化。其间，我们看到了网页端脚本语言的萌发和进化，JavaScript 语言标准的制定，各浏览器厂商之间的竞争，等等。

随着 Web 应用的发展，涌现了大量优秀的库和框架，例如 jQuery、lodash、Underscore、Backbone、Angular、React、Vue 等，这些库和框架大幅提升了 Web 开发与维护效率。

但近几年，Web 前端的发展已经趋乎于病态，各种各样的“轮子”层出不穷，Web 前端的发展速度已经有超过 Web 前端开发人员的学习速度之势，将开发人员远远甩在了后面。新的技术不断涌现，有些新技术是我们工作中无法回避的技术栈。虽然我们明知道这些新技术在未来注定会被淘汰，但迫于工作的需要不得不追赶它们。新的“轮子”不断出现，旧的“轮子”还在更新，这就导致 Web 前端学习的疲劳性，而且这种疲劳是心理上的。

例如，Grunt 学完， Glup 来了，Glup 学完，webpack 又来了；又如 less、sass、stylus，甚至刚学会一种新东西，转眼间就发现它已经被淘汰了；再如，公司团队要求掌握某些技术栈，你能不学吗？显然不能！

那么，我们该怎么办呢？“轮子”被造出来的初衷就是为了更好地解决相应的问题，它应该是能解决我们的问题的，而不是让我们惧怕学习它。在面对新的“轮子”时，不要盲目追赶，无论这些“轮子”出现或更新得有多快，最基础的核心知识是不变的。我们应该把自己的注意力放在问题本身上，而不是纠结于“轮子”，将更多的精力放在学习基础知识上。

Web 前端的三大核心知识为 HTML、CSS、JavaScript。在本书中，不会过多涉及 HTML、CSS，而是将重点放在 JavaScript 上。

本书将从最基础的知识开始，循序渐进地讲解 JavaScript 的基本知识和高级技巧，力求内容简单易懂、清晰明了，通过大量实例带领读者学会 Web 前端开发中常用的 JavaScript 知识及开发技巧。

主要内容

- 全面介绍 JavaScript 的核心语法。
- 解读变量作用域和闭包。
- ES6+ 的新特性。
- 前端模块化。
- 自动化构建工具。
- 客户端存储。
- 使用性能优化技术来改善用户体验。

阅读建议

阅读本书时，如果遇到不理解的内容，不要刻意耗费时间去理解和钻研，因为有可能你耗费的宝贵时间换来的是一个错误的理解结果，这是非常不值得的，我就吃过这方面的很多亏。所以我的建议是，在阅读时要注意保持不求甚解的态度，此刻不理解的，可能是自身水平没到，当自己的知识到了一定水平，自然就理解了。因此，读书时一定要多读几遍，“书读百遍，其义自见”，这是自古流传下来的道理，我也相信同一本书每读一遍都会有不同的收获。

下面是各章内容的简单介绍。

第 1、2 章：介绍 JavaScript 的诞生过程，以及 Chrome 开发者工具的简单使用方法。

第 3 章：主要介绍 JavaScript 的基本语法，为之后的 JavaScript 编程打下坚实的基础。

第 4~7 章：进一步介绍 JavaScript 中的几个特殊对象，包括函数、数组、对象、类。利用这些对象，可以更好地组织代码。

第 8 章：介绍一种比较常见的数据交换格式——JSON。

第 9~12 章：主要介绍 JavaScript 的另外两大核心——BOM 和 DOM，并讲解一些常用的 BOM 对象和 DOM 对象的操作方法。

第 13 章：介绍 JavaScript 中的模块。

第 14 章：介绍 cookie 和本地存储，以此了解 Web 前端与 Web 后端是如何进行用户鉴权的。

第 15 章：介绍一些优化 Web 前端性能的方案，从资源的请求、压缩、加载、缓存等方面着手，一步步实现 Web 前端性能优化。

第 16 章：介绍目前流行的一些开源库和框架。

附录 A：以一个文字和图片的合成案例，介绍 Canvas 是如何使用的。

附录 B：介绍 Web 前端中的 SEO，避免一些误操作导致用户体验降低。

附录 C：介绍一些常见的编码规范，为代码的开发与维护建立良好的基础。

代码约定

// -> 用于显示表达式的返回值，例如：

```
1 + 1; // -> 2
'hello world'; // -> "hello world"
```

// > 用于显示 console.log 的执行结果及报错信息，例如：

```
console.log(1+1); // > 2
console.log('hello', 'world'); // > hello world
```

本书读者

本书既适合 JavaScript 语言初学者作为入门的教程，也适合 JavaScript 语言爱好者作为进阶的参考。如果在阅读本书的过程中碰到问题，请扫描右侧的二维码，联系相关技术人员进行处理。

作者

2020 年

目录

第 1 章

初入 JavaScript

本章内容

欢迎来到 JavaScript 的世界。本章将介绍 JavaScript 的起源、实现及使用方法，希望通过阅读本章内容后，你能够对 JavaScript 有所了解。从本章开始，我希望无论你是 JavaScript 的初学者还是 JavaScript 资深工程师，抑或是对 JavaScript 感兴趣的开发人员，都能够从本书中有所收获。现在，跟随本书一起进入 JavaScript 的世界吧！

1.1 JavaScript 简介

JavaScript 是一种解释型的语言，通过解释执行。其解释器被称作“JavaScript 引擎”，常见的 JavaScript 引擎有以下几种。

- JavaScriptCore，用于 Safari 浏览器。
- JaegerMonkey，用于 Mozilla 浏览器。
- Chakra，用于 IE、Edge 浏览器。
- V8，用于 Chrome、Node.js 浏览器。
- Carakan，用于 Opera 浏览器。

JavaScript 引擎按照 ECMAScript 标准定义一些规则，以此确定如何解析并执行 JavaScript 代码，尽管有一个标准来约束 JavaScript 引擎的实现方式，但各浏览器厂商也有可能不按照标准来实现，这也是为什么 JavaScript 会有浏览器兼容性问题的原因。

JavaScript 是单线程（执行线程）的，即同一时刻仅有一处代码正在执行。JavaScript 单线程的目的是为了避免多线程冲突，例如，多线程下同时操作同一个 DOM 节点就可能导致每次运行都会产生不同的结果，甚至抛出异常。

时代在不断前进，为了利用多核 CPU 的计算能力，HTML5 提出了一个新的标准——Web Worker，该标准允许 JavaScript 创建多个线程，但被创建的子线程完全受主线程控制，并且子线程拥有一个独立的全局作用域，因此，子线程不能操作主线程上的 DOM 对象，以此来避免 DOM 操作冲突，而又达到充分利用多核 CPU 计算能力的目的，但实际上，这个新标准并没有改变 JavaScript 单线程的本质。

尽管 JavaScript 是单线程执行的，但浏览器并不是单线程执行的，浏览器的线程类型有 JavaScript 的执行线程、页面渲染线程、事件触发线程、http 请求线程等。

JavaScript 事件循环机制如下。

- 函数调用堆栈。
- 事件队列，即等待执行的事件处理程序队列。
- 事件循环，待函数调用堆栈为空时，从最先进入事件队列中的消息开始处理，将消息从队列中移出并推至函数调用堆栈。

在这里，可以简单地把函数的调用堆栈为空理解为主线程代码执行完毕。

以事件触发线程为例，当创建一个事件时，事件循环机制会将事件回调函数放入事件队列中，当这个事件发生时，事件循环机制将其从事件队列中移出并推入函数调用堆栈中执行。

同理，即便 setTimeout 的延迟执行时间为 0，其中的异步代码也会等到 JavaScript 主线程代码执行完毕时才执行。

```
console.log(1);

setTimeout(function() {
    console.log(2);
});

console.log(3);
```

```
setTimeout(function() {
    console.log(4);
}, 0);

console.log(5);

// > 1
// > 3
// > 5
// > 2
// > 4
```

上述代码中涉及两个函数——console.log 和 setTimeout。console.log 函数会在控制台中输出指定值；setTimeout 函数用于在指定的毫秒数后执行一段代码。了解了这两个函数的功能后，再来分析以上代码，其中，两个 setTimeout 创建的延迟执行代码没有立即执行，而是进入事件队列中，待主线程执行完 console.log(1); console.log(3); console.log(5); 之后，主线程中的代码已经执行完毕。这时，事件队列中的代码将会被推入主线程中执行，因此，程序先输出 1、3、5，而后输出 2、4。

鉴于此，setTimeout 还可以用来解决 onkeydown 获取的 value 不正确的问题。

```
<input type="text" onkeydown="console.log(this.value)">
<input type="text" onkeydown="setTimeout(()=>{console.log(this.value)}, 0)">
```

因为 setTimeout 是异步的，需要等到主线程代码执行完毕，其中的代码才会执行，因此，直到输入值并在 DOM 上渲染完成时才会执行其中的代码，而此时获取的值就是我们的期望值了。

1.2　JavaScript 起源

1995 年 9 月，网景公司发布了 Netscape Navigator 2.0 beta 网页浏览器，其搭载了一门名为 LiveScript 的脚本语言（由 Brendan Eich 开发），同年 11 月，Netscape Navigator 2.0 beta 3 发布时，LiveScript 更名为 JavaScript。

由于 JavaScript 作为网页客户端脚本非常成功，微软公司于 1996 年 8 月在其发布的 Internet Explorer 3.0 上搭载了 JScript。

JavaScript 和 JScript 在浏览器端的共存，意味着语言标准化的缺失，此时，对这门语言的标准化也被提上了日程。

1996 年 11 月，网景公司将 JavaScript 提交给欧洲计算机制造商协会（Ecma 国际组织）进行标准化。

1997 年，由网景、SUN、微软、宝蓝等公司及个人组成的 TC39（ECMA 的第 39 号技术委员会）定义了一种名为 ECMAScript 的新脚本语言标准规范，命名为 ECMA-262。

从此，ECMAScript 便成为了 JavaScript 的标准。

ECMAScript 首版发布于 1997 年 6 月，第二版和第三版分别发布于 1998 年 6 月和 1999 年 12 月，第四版由于太过激进，导致反对声音太多，所以被放弃。

十年后，即 2009 年 12 月，ECMAScript 第五版正式发布，其中吸收了第四版的部分特性。

2015 年 6 月 17 日，Ecma 国际组织发布了 ECMAScript 的第六版——ECMAScript 2015（ES6），

自此，TC39 每年发布一版新的 ECMAScript 标准，新版本将按照 ECMAScript + 年份的形式命名。

- 2016 年 6 月，发布 ECMAScript 2016，相比 ES6，主要增加了两个新特性——Array.prototype.include 和取幂运算符。
- 2017 年 6 月，发布 ECMAScript 2017，主要变化在于：Object.values/Object.entries、字符串填充、Object.getOwnPropertyDescriptor、尾随逗号、异步函数、共享内存和原子操作等。
- 2018 年 6 月，发布 ECMAScript 2018，该版本带来了许多新特性，包含了异步循环、生成器、新的正则表达式特性和 rest/spread 语法。

截至 2012 年，现代浏览器基本都完整支持 ECMAScript 第五版，但截至 2018 年，浏览器对 ES6 的支持依旧不够完善，如需在客户端使用 ES6+，需要使用 babel 等转码器将 ES6+ 代码转化为 ES5 代码，从而在现有 Web 环境中运行。

时至今日，JavaScript 已经不再局限于 Web 环境中运行，Nodejs 的出现让 JavaScript 运行在了服务端，脱离了 Web 浏览器的限制，在其他领域，诸如智能硬件、物联网、桌面应用等，Javascript 也有很广泛的应用。

注意：JavaScript 与 Java 没有关系，这两门语言在语法、语义与用途方面有很大区别。

1.3 JavaScript 实现

JavaScript 的实现包含三部分。

- ECMAScript（语言核心）
- BOM（浏览器对象模型）
- DOM（文档对象模型）

1.3.1 ECMAScript

ECMAScript 是实现 JavaScript 语言的标准。

Web 浏览器是 ECMAScript 的一个宿主环境，但并不是唯一的，例如 Nodejs。

简单来说，ECMAScript 标准主要描述了以下部分。

- 语法
- 词法
- 类型
- 语句
- 表达式
- 函数
- 对象

1.3.2　BOM

浏览器对象模型（Browser Object Model，BOM）提供了独立于内容的、可以与浏览器窗口进行互动的对象结构，它由多个对象组成，其中，Window 对象是 BOM 的顶级对象，其他对象是它的子对象。

1.3.3　DOM

文档对象模型（Document Object Model，DOM）是 W3C（万维网联盟）的标准。

一个 Web 页面就是一个文档，DOM 定义了一种访问 HTML 和 XML 文档的方式，从而对文档的内容、结构和样式进行操作。

1.4　JavaScript 使用

我们可以用三种方式将 JavaScript 代码嵌入 HTML 页面中。

① 内联的 JavaScript

② 外部的 JavaScript

③ 行内的 JavaScript

首先，使用记事本创建一个空白的文件，保存时将文件名的扩展名改为 .html（如：test.html），保存类型选择“所有文件（*.*）”，编码选择 UTF-8，单击“保存”按钮进行保存，一个空白的 HTML 页面就创建好了，然后用浏览器打开这个页面。

如果你用的是 Mac OS 系统，则使用文本编辑工具创建一个文件，在执行“格式” | “制作纯文本”命令，同样在保存文件时将文件的扩展名改为 .html，格式选择“网页（.html）”，单击“存储”按钮，此时系统会弹出一个询问框，单击“使用 .html”按钮即可。

1.4.1　内联的 JavaScript

如需在 HTML 页面中插入 JavaScript，需要使用 <script> 标签。

浏览器会解释并执行位于 <script> 和 </script> 之间的 JavaScript 代码，打开你的记事本，复制以下代码到之前建立的 HTML 文档中，保存后刷新浏览器。

```
<!DOCTYPE html>
<html>
<head>
<meta charset="utf-8">
<meta http-equiv="X-UA-Compatible" content="IE=edge,Chrome=1">
<title>Examples</title>
<meta name="description" content="">
<meta name="keywords" content="">
</head>
```

```
<body>
    <script>
      document.write("<h1>hello world</h1>");
    </script>
</body>
</html>
```

document.write 方法会向 HTML 页面中写入指定值，在上面的代码中，我们向 HTML 页面中写入了一个 h1 标签，如果刷新浏览器，页面会显示 hello world，则表示 JavaScript 代码运行成功。

1.4.2 外部的 JavaScript

JavaScript 代码也可以放在一个扩展名为 .js 的文件中，利用 <script> 标签将其引入 HTML 页面，<script> 标签的 src 属性设置外部脚本的地址，这个地址可以是相对地址，也可以是绝对地址。

顾名思义，相对地址即是被引用的文件相对于当前页面的地址，例如 ./example.js，表示 example.js 文件位于当前目录下的同级位置；绝对地址则是被引用的文件在网络或本地的绝对位置，具有唯一性，不会随页面位置的变化而变化，例如 https://example.com/js/example.js。

当 JavaScript 代码需要被应用到很多页面时，外部 JavaScript 引用将是理想的选择。使用外部 JavaScript，即可通过更改一个文件来改变整个站点的代码，而不需要在每个页面中逐一调整。

```
<!DOCTYPE html>
<html>
<head>
<meta charset="utf-8">
<meta http-equiv="X-UA-Compatible" content="IE=edge,Chrome=1">
<title>Examples</title>
<meta name="description" content="">
<meta name="keywords" content="">
</head>
<body>
    <script src="example.js"></script>
</body>
</html>

// example.js 内容
// document.write("<h1>hello world</h1>");
```

那么，如果为 <script> 标签指定了 src，引用外部 js 文件，而且又在 <script> 中编写了一段代码，结果将会怎么样呢？

```
...省略 html 代码
    <script src="example.js">
    document.write("<h1>hello book</h1>");
    </script>
...
```

上述代码中，页面仍然显示 hello world，并不会显示 hello book，这表示指定了 src 属性的 <script>，其中的 JavaScript 代码会被忽略。

1.4.3　行内的 JavaScript

还有一种使用 JavaScript 的方式，即在 html 标签上直接添加 JavaScript 代码，但通常不推荐使用这种方式，因为这样会让代码变得难以维护。

```
<!DOCTYPE html>
<html>
<head>
<meta charset="utf-8">
<meta http-equiv="X-UA-Compatible" content="IE=edge,Chrome=1">
<title>Examples</title>
<meta name="description" content="">
<meta name="keywords" content="">
</head>
<body onload='document.write("<h1>hello world</h1>")'>

</body>
</html>
```

当有大量行内的 JavaScript 代码嵌入页面时，页面就会变得混乱不堪，降低代码维护的效率。此外，这也会增大页面的体积，增长页面的加载时间。

练习

- 新建一个 HTML 页面。
- 新建一个 .js 文件。
- 分别使用内联、外部、行内三种 JavaScript 代码使用方式，在浏览器中显示 hello world 字样。

第 2 章

准备工作

本章内容

在使用 JavaScript 开发页面前，还需要做一些准备工作，例如，选择一款合适的开发工具，尽管使用记事本也可以进行 JavaScript 开发，但不推荐采用这种方式，因为这可能会让你觉得 JavaScript 很难编写。

实际上 JavaScript 很容易入门，找到一款适合自己的编辑器，新建一个文件（后缀名为 .html），将以下代码输入进去。

```
<script>
    alert('hello world');
</script>
```

是的，没错！你已经入门了 。

俗话说，“麻雀虽小五脏俱全”，尽管上面的代码很简单，但却包含了 JavaScript 的三大核心内容：

- 函数 -> ECMAScript
- alert -> BOM
- script 标签 -> DOM

现在，用 Chrome 浏览器打开这个文件，看看页面会显示什么，alert 函数会在页面中弹出一个带有“确定”按钮的警告框，因此，如果页面上弹出一个警告框并显示 hello world，这就表示你编写的 JavaScript 代码运行成功了。

本章将推荐几款比较常用的 JavaScript 开发工具，可以凭自己的喜好选择使用哪款开发工具，同时，也简单介绍 Chrome 开发者工具的使用方法，以便于后续章节中对示例代码的阅读和学习。

2.1　开发工具

“工欲善其事，必先利其器。”选择一款（或多款）适合自己的编辑器或 IDE（集成开发环境），能够极大地提高学习和开发效率。

2.1.1　Sublime Text

Sublime Text 是一个轻量且强大的跨平台文本编辑器，启动和打开文件的速度很快，并且拥有丰富的插件，借助这些插件可以把 Sublime Text 打造成一款强大的开发工具。

Sublime Text 的主要功能包括：拼写检查、书签、完整的 Python API 和 Goto 功能，以及即时项目切换、多选择、多窗口等。

Sublime Text 在支持语法高亮、代码补全、代码片段、代码折叠、行号显示、自定义皮肤、配色方案等所有其他代码编辑器所拥有的功能的同时，又保证了其飞快运行的速度，还有着其自身独特的功能，例如代码地图、多种界面布局以及全屏免打扰模式等。

Sublime Text 的官方网站为 http://www.sublimetext.com，软件界面如图 2-1 所示。

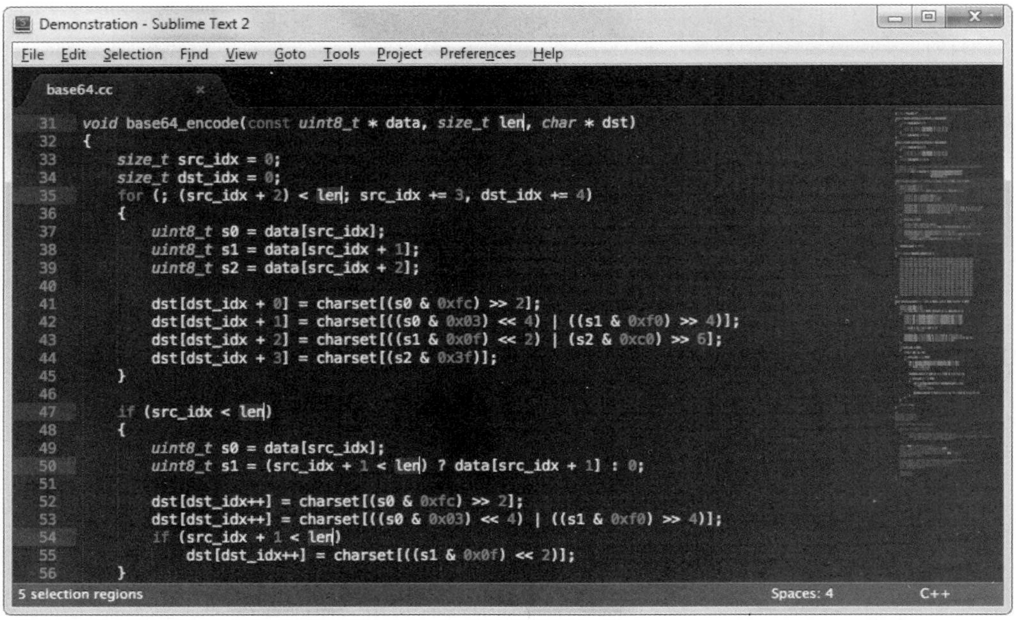

图 2-1 Sublime Text 的软件界面

2.1.2 Visual Studio Code

Visual Studio Code 简称 vscode，是微软公司出品的一款轻量且跨平台的开源文本编辑器，内置对 JavaScript、TypeScript 和 Node.js 的支持，拥有丰富的插件生态。

Visual Studio Code 旨在为所有开发者提供一款专注于代码本身的免费的编辑器。Visual Studio Code 的定位还是编辑器，而且还是一个全功能的编辑器，通过编辑器反推微软的 SDK、.NET（开源，跨平台）等产品铺路。它虽然是 Visual Studio 家族的一员，但它与传统 VS IDE 的功能没有太多交集。

vscode 支持智能感知、内建调试工具、Git 源码控制集成。智能感知提供了程序之间调用跳转的功能，vscode 先为代码创建概要，找到所有引用，最后跳转到相应定义。调试工具包含常见的断点、单步调试、变量检查等功能。vscode 的架构设计非常出色，你无须修改应用就可以增加额外的语言支持（据微软公司介绍，软件最终确定后会将这个功能提供给终端用户）。这意味着，目前版本仅提供 ASP.NET 开发的支持，但这一限制将在正式版中解除。

提供 Git 支持也是 vscode 的一大亮点，如果要使用这个功能，需要在本地安装一份 Git 的副本。这样做的优点是只需配置一个 Git 实例，安装 vscode 后再单独安装 Git 只会耽误几分钟的时间。当然，如果你的系统已经安装了 Git，那么安装 vscode 后你就可以直接使用相关功能了。

vscode 的官方网站为 https://code.visualstudio.com，vscode 的软件界面如图 2-2 所示。

图 2-2　vscode 的软件界面

2.1.3 WebStorm

WebStorm 是一款强大的、跨平台的 、由 JetBrains 公司推出的商业 JavaScript 开发工具。其功能强大的前端专用 IDE，拥有即时编辑（Chrome）、自动完成、debugger、Zen Coding、HTML5 支持、JSLint、Less 支持、CoffeeScript 支持、Node.JS、单元测试、集成 git 和 svn 版本控制等特性，在我国更是被广大前端工作人员誉为“Web 前端开发神器”，推荐前端工程师使用。

WebStorm 的官方网站为 https://www.jetbrains.com/webstorm/，WebStorm 的软件界面如图 2-3 所示。

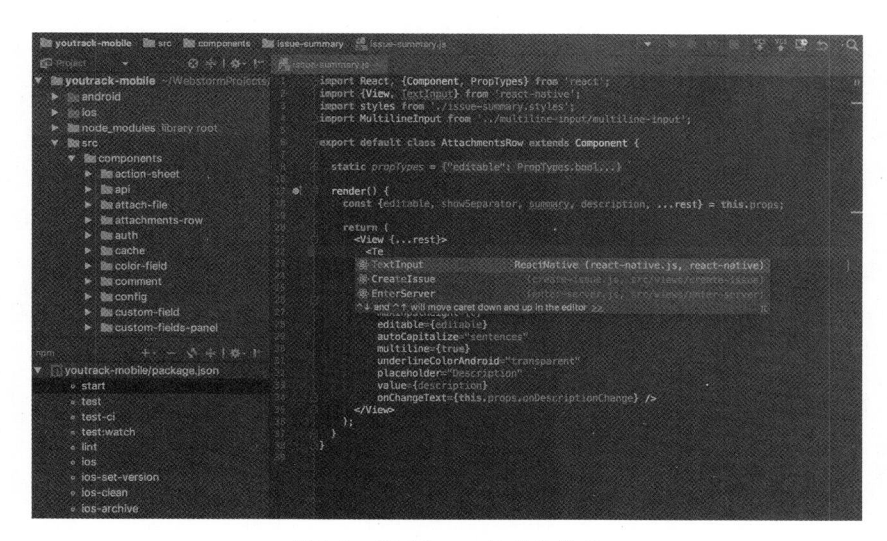

图 2-3　WebStorm 的软件界面

2.1.4 Atom

Atom 是 GitHub 公司推出的一款跨平台开源文本编辑器，启动和打开文件的速度略低于 Sublime Text，插件数量也略少，但其对 vim 的支持比较好，拥有酷炫、简洁且实用的界面。

Atom 的官方网站为：http://www.atom.io，Atom 的软件界面如图 2-4 所示。

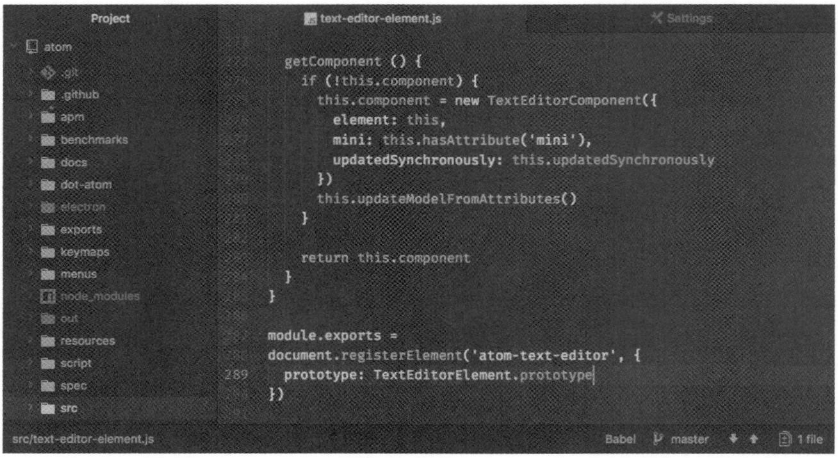

图 2-4　Atom 的软件界面

上述列举的开发工具，其中的图片均来自各个开发工具的官网，大家可以对每个工具都进行尝试，根据自己的喜好选择合适的开发工具。

2.2　Chrome 开发者工具

在本章开始的时候，我们已经用过了 Chrome 浏览器，之所以使用它，是因为其拥有一套完善的开发者工具，用以进行 Web 开发和调试。其功能十分强大，可用来对网站进行迭代、调试和分析，尤其是其提供的控制台能够有效提高前端调试的效率和定位 bug 的速度。

Chrome 开发者工具的打开方式有以下三种。

- 在 Chrome 菜单中选择“更多工具” → “开发者工具”命令。
- 在页面元素上右击，在弹出的菜单中选择 “检查”命令。
- 按快捷键 Ctrl+Shift+I（Windows）或 Cmd+Opt+I（Mac）。

Chrome 控制台面板支持直接运行 JavaScript 代码，并且提供了 console 对象用来对 JavaScript 进行调试，便于在开发期间，方便在控制台面板中记录调试信息。

这里主要对本书中常用的控制台面板及 console 的信息类方法进行介绍，Chrome 开发者工具还拥有许多强大的功能，例如设备模式、元素面板、源代码面板、性能面板、内存面板、应用面板、安全面板等，在此不再赘述。

2.2.1　信息类方法

信息类方法是最常用的调试方法，也是贯穿本书示例代码的方法，具体如下。

- console.log(' 一条 log 普通信息 ');　// > 一条 log 普通信息
- console.info(' 一条 info 提示信息 ');　// > 一条 info 提示信息
- console.warn(' 一条 warn 警告信息 ');　// > 一条 warn 提示信息
- console.error(' 一条 error 错误信息 '); // > 一条 error 提示信息
- console.debug(' 一条 debug 调试信息 '); // > 一条 debug 提示信息

需要注意的内容如下。

- 如果入参（“入参”指的是传递给函数的值，关于函数的参数，会在本书 4.3 节中讲解）不是对象，则直接输出。
- 如果入参是一个对象且不是 DOM 节点，则输出一条以三角符号开头的语句，单击三角符号可展开该对象。
- 如果入参是一个对象且是 DOM 节点，则输出一条以三角符号开头的语句，单击三角符号可展开该节点所包含的 HTML/XML 代码（包含节点自身）。

上述几种方法都支持占位符，常见的占位符如表 2-1 所示。

表 2-1　占位符

占位符	描述
%o	javascript 对象，可以是整数、字符串以及 JSON 数据
%d 或 %i	整数
%s	字符串
%f	浮点数

示例如下。

```
console.log('%o', {foo:'1'});        // > {foo:'1'}
console.log(' 整数 %d%d%d', -1,0,1); // > 整数 -101
console.log(' 字符串 %s', 'foo');     // > 字符串 foo
console.log(' 浮点数 %s', '0.01');    // > 浮点数 0.01
```

2.2.2　清除历史记录

有时，控制台面板中会产生大量的 log 或 warn 信息，不便于进行调试，这时可以通过以下方式清除控制台历史记录。

- 在控制台面板中右击，在弹出的快捷菜单中选择 Clear console 命令。
- 在控制台面板中输入 clear()。

- 在 JavaScript 代码内调用 console.clear()。
- 按快捷键 Ctrl+L。
- 按快捷键 Command+K（MAC）。
- 单击 Clear 按钮。

其中，单击 Clear 按钮也可用来在其他面板中清除相应的数据，例如 NetWork 面板。

2.2.3 保留历史记录

NetWork 面板中的输出信息会在页面刷新后清空，如果想保留之前的信息，如 HTTP 请求、资源加载等，将 NetWork 面板中的 Preserve log 复选框选中即可，这时，页面刷新后 NetWork 面板中的所有信息都会被保留。

练习

- Google Chrome 浏览器。
- 打开 Chrome 开发者工具。
- 单击 Chrome 开发者工具中的 console 按钮，切换到控制台面板，尝试输入一些 JavaScript 代码。
- 了解 Chrome 开发者工具的其他面板。

第 3 章

语法

本章内容

语法规则定义了语言结构，说明了编程语言中，哪些符号或文字的组合方式是正确的，语义则是对于编程的解释。本章将介绍 JavaScript 的语法，包括基本语法、变量及变量作用域、数据类型、运算符、条件语句、循环语句、错误处理以及严格模式的使用方法，希望阅读本章内容后，你能够熟练掌握这些语法。

3.1 基本语法

3.1.1 语句

JavaScript 中的语句以英文分号（;）结束，表示一行代码的结束，但分号可以省略，解析器（例如浏览器的 JavaScript 引擎）会在解析 JavaScript 代码时自动在每个语句的结尾补上分号。

```
let a = 1;
```

尽管分号可以省略，但不建议省略，因为在某些情况下，自动补全的分号会导致代码的运行结果与期望的不一致，例如下面的代码：

```
a = b
(function() {
    // ...
})()
```

会被解析为：

```
a = b(function() {
    // ...
})()
```

不过，编码规范的问题主要看个人和团队的习惯和要求，这方面没有强制的要求。

3.1.2 注释

注释通常用来对一段代码进行描述，以便开发人员能快速了解这段代码的作用，提高代码的可读性，也可以用来屏蔽一段代码的运行。

在 JavaScript 中，你可以使用单行注释和多行注释，注释中的语句不会被解析器解析并执行，具体如下。

```
// 单行注释

/*
 多行注释
 多行注释
 */
```

下面以 1.4.1 小节中的示例代码为例，对其中的 JavaScript 代码进行注释：

~~~
```html
<!DOCTYPE html>
<html>
<head>
<meta charset="utf-8">
<meta http-equiv="X-UA-Compatible" content="IE=edge,Chrome=1">
<title>Examples</title>
<meta name="description" content="">
<meta name="keywords" content="">
</head>
<body>
~~~

```
        <script>
          // document.write("<h1>hello world</h1>");
        </script>
    </body>
    </html>
```

保存修改后刷新页面，此时浏览器中将不再出现 hello world 字样，而是显示空白。

此外，良好的注释有利于代码的可维护性和团队协作性，在工作和学习中这一点都很重要。

3.1.3　标识符

标识符指的是变量、属性、函数的名称或函数的参数，示例如下。

```
let num = 1;
let obj = {
    name:''
};
function foo(arg){

};
```

在上述代码中：

- 变量名 num、obj 是标识符。
- 属性名 name 是标识符。
- 函数名 foo 是标识符。
- 函数参数 arg 是标识符。

到这里，你可能发现了一个规律，标识符都是英文字母，那么，标识符的名称是不是只能由英文字母组成呢？

1. 标识符的命名

标识符不全是由英文字母组成的，标识符以字母、下画线或 $ 符号开头，其后选择性地跟随一个或多个字母、数字、下画线、$ 符号。

其中，字母可以是中文、英文、日文、韩文等，这是因为 JavaScript 中的字母是采用 Unicode 统一编码制的，是国际上通用的 16 位编码制，它包含了亚洲文字编码。因此，JavaScript 的字母不是只有英文字母。

示例如下。

```
let 数字 = 1;
let 变量 = {
    名称 :''
};
function 函数 ( 参数 ){

};
```

上述代码可以正常运行。

2. 标识符名称区分大小写

标识符的名称区分大小写，变量名 a 和 变量名 A 表示两个不同的变量，阅读并运行下面的代码。

```
let a = 1;
let A = 1;
a === A; // -> false
```

3. 标识符名称不能为关键字和保留字

关键字有其特定含义，是语法中的一部分，例如常见的 var，我们不能定义一个变量名为 var 的变量，具体如下。

```
// 运行报错
let var = 1;
```

保留字是语法中定义过的字，为了使当前版本的代码能向后兼容，为将来的关键字保留的单词，因此，保留字也不允许作为标识符使用，具体如下。

```
// 运行报错
let int = 1;
```

4. 标识符作为属性名时，可以为关键字和保留字

示例如下。

```
let foo = {
  "var":1,
  "int":2
}
console.log(foo.var); // > 1
console.log(foo.int); // > 2
```

5. 标识符命名规范

命名规范并不是语言标准的一部分，命名规范是通过一些约定俗成的方式对标识符的命名进行限制的，使其有利于他人或自己阅读。

常见的命名规范有以下 3 种。

- 匈牙利命名法
- 驼峰式命名法
- 帕斯卡命名法

• 匈牙利命名法

匈牙利命名法是在单词（这个单词的首字母需要大写，并指明变量的用途）前面加上表示相应的小写字母的符号作为前缀，标识出变量的作用域和类型等，这些符号可以有多个，并组合成一个变量名。

在匈牙利命名法中，s 表示字符串 String，所以一个字符串的变量名可以是：

```
let sMyName;
let sMyFirstName;
```

- **驼峰式命名法**

驼峰式命名法通过拆分单词，并将第一个单词以小写字母开始，第二个及之后的单词的首字母大写，组合成一个变量名，示例如下。

```
let myName;
let myFirstName;
```

这样的变量名看上去就像驼峰一样此起彼伏，因而得名。

- **帕斯卡命名法**

与驼峰式命名法类似，只不过驼峰式命名法是第一个单词的首字母小写，而帕斯卡命名法是第一个单词的首字母也大写，示例如下。

```
let MyName;
let MyFirstName;
```

无论使用哪种命名法，尽量使变量名具有特定的含义，即便变量名会变得比较长，但要避免定义一些奇怪的变量名。

练习

- 命名一些标识符。

3.2　变量和变量作用域

3.2.1　变量

变量用来存储值或表达式，是存储数据的容器，示例如下。

```
a = 1;
a = a + 1; // -> 2
```

变量名称的命名规则与标识符类似。

3.2.2　声明变量

在 JavaScript 中，有多种声明变量的方式。

- var
- let
- const

1. var

var 声明一个变量，可以在声明变量的时候为其赋值，示例如下。

```
var a = 1;
```

上面的代码很好理解，定义了一个名称为 a ，值为 1 的变量，我们也可以先声明变量，在必要的时候再对其进行赋值操作，示例如下。

```
var a; // 声明变量 a
a = 1; // 把数字 1 赋值给变量 a
```

声明多个变量的方式如下。

```
var a;
var b = 1;
```

声明多个变量时，也可以只使用一次 var 关键字，简写成：

```
var a , b = 1;
```

2. 变量的作用域

ECMAScript 使用的是词法作用域（Lexical scoping，又称“静态作用域”），其变量又称为“词法变量”，词法变量在变量声明时确定其有效范围，这一有效范围就是变量的作用域（scope），在作用域外，该变量不可见。

通常，作用域是一个函数，示例如下。

```
function foo(){
    var a = 1;
}
console.log(a); // > Uncaught ReferenceError: a is not defined
```

ES6 增加了块级作用域：

```
// ES5 中，无块级作用域
{
    var a = 1;
    console.log(a); // > 1
}
console.log(a); // > 1

// ES6 中，需要使用 let 与 const 声明的变量拥有块级作用域
{
    let a = 1;
    console.log(a); // > 1
}
console.log(a); // > Uncaught ReferenceError: a is not defined
```

在函数作用域和块级作用域内声明的变量叫作“局部变量”，除此之外的变量叫作“全局变量”。

局部变量只能在该函数或块级作用域内被访问；全局变量可以在当前文档内的任何位置访问。

全局变量其实是 global 对象（浏览器环境下，global 对象指的是 window 对象）的属性，可以通过 window[' 变量名] 访问。

- **作用域链**

当代码在一个执行环境中执行时，会创建变量对象（又称“活动对象”，activation object，包含形参、函数声明、变量声明）的一个作用域链，作用域链的最前端，始终都是当前执行的代码所在执行环境的变量对象（如果执行环境是函数，变量对象以 arguments 初始化），作用域链的下一个对象来自包含（外部）的执行环境，再下一个则来自下一个包含执行环境，这样一直追溯到全局执行环境 global。

- **执行环境**

执行环境又称“执行上下文”，JavaScript 在执行代码时，会创建一个执行环境，该执行环境会成为当前的执行环境，每个执行环境包含 3 部分：

- 词法环境，即作用域链。
- 变量环境，即声明的变量。
- this 绑定。

也就是说，在执行代码时，其执行环境就已经对词法环境、变量环境和 this 进行了初始化操作。

- **声明提前**（var hoisting）

我们先看以下一段代码。

```
console.log(a); // > undefined
console.log(b); // > Uncaught ReferenceError: b is not defined
var a = 1;
console.log(a); // > 1
```

查看变量的生命周期，变量的生命周期可以理解为 3 部分。

① 声明阶段，为变量创建存储空间。

② 初始化阶段，变量值被初始化为 undefined。

③ 赋值阶段，执行赋值操作。

声明提前是指在进入变量的作用域时，立即完成变量的声明阶段和初始化阶段。

因此，上述代码可以看成：

```
var a;
a = undefined;

console.log(a); // > undefined
console.log(b); // > Uncaught ReferenceError: b is not defined
a = 1;
console.log(a); // > 1
```

其中，声明阶段就位于执行环境创建时，因此，在尚未执行代码前，声明的变量其值均为 undefined。

3. let 与 const

ES6 新增了两个定义变量的关键字——let 与 const，用来取代 var。

- **let**

let 的用法与 var 类似，但 let 声明的变量具有块级作用域，即 let 声明的变量只在当前代码块内有效，示例如下。

```
{
    var a = 1;
    let b = 2;
}
console.log(a) // > 1
console.log(b) // > Uncaught ReferenceError: b is not defined
```

上述代码中，分别使用 var 和 let 在一个代码块内声明一个变量，之后在代码块外访问这两个变量，使用 var 声明的变量可以正常访问，使用 let 声明的变量则报错，这说明 let 声明的变量只在当前代码块内有效。

- **暂时性死区（temporal dead zone）**

let 和 const 声明的变量拥有暂时性死区（TDZ），即在进入它的作用域后，变量无法被访问，直到声明结束，示例如下。

```
console.log(a); // > undefined // 由于声明提前，此时变量 a 已完成声明阶段和初始化阶段
// console.log(b); // > Uncaught ReferenceError: b is not defined
// console.log(c); // > Uncaught ReferenceError: c is not defined

a = 1; // -> 1 // 变量 a 完成赋值阶段
b = 2; // 对变量 b 赋值抛出异常 > Uncaught ReferenceError: b is not defined
c = 3; // -> 3 // 变量 c 完成赋值阶段

var a;
let b;

console.log(a); // > 1
console.log(b); // > 2
console.log(c); // > 3
```

上述代码中，分别使用 var 和 let 以及非关键字的方式声明一个变量，并在变量声明前，尝试访问这个变量，使用 var 声明的变量返回 undefined，使用 let 和非关键字的方式声明的变量抛出 ReferenceError，这表明使用 let 声明的变量不存在声明提前。

之后，对 a、b、c 三个变量进行赋值操作，变量 a 和 c 顺利完成赋值，并返回相应值，但对使用 let 声明的变量 b 进行赋值时，抛出了异常，对照变量 c，这表明变量 b 此时存在但不能进行赋值操作，也就是说变量 b 此时完成了声明阶段，但不能被正常访问。

下面使用 let 声明变量 b，此后，再次访问变量 b 时，尽管没有对变量 b 进行赋值操作，但依然可以获取变量 b 的值，这表明在声明结束之前，变量 b 已经完成了声明阶段、初始化阶段和赋值阶段。

综上，使用 let 声明的变量在进入其作用域后，立即完成变量的声明阶段和初始化阶段（如

果有赋值操作，也会完成赋值阶段），但在变量声明结束前，无法对变量进行操作。

使用 let 声明的变量在进入其作用域后，直到声明结束前的这块语法区间称为“暂时性死区”（TDZ）。

声明结束前不能访问，意味着死区并不是基于空间的，而是基于时间的，由以下示例可以看出。

```
    {
        // 进入作用域，TDZ 开始
        let func = function () {
            console.log(myVar);
        };

        // TDZ 区间
        // func(); // TDZ 区间内调用 > Uncaught ReferenceError: myVar is not
defined

        let myVar = 3; // TDZ 结束，TDZ 区间消失，不再存在

        func(); // TDZ 外部调用 > 3
    }
```

- const

const 的用法和特性与 let 基本相同，不同之处在于， const 声明的是一个只读常量，被 const 声明的变量不能被重新声明或赋值。换句话说，它将不能再被改变（对于引用类型的数据，其地址指向不可修改，属性可修改），示例如下。

```
    // 这种写法不可行
    const str = '123';
    str = ''; // 抛出异常 > Uncaught TypeError: Assignment to constant variable

    // 这种写法可行
    const obj = {};
    // 修改 obj 的属性
    obj.name = 'foo';
    console.log(obj.name); // > foo

    // 但无法修改 const 声明的对象的地址指向
    obj = {}; // 抛出异常 > Uncaught TypeError: Assignment to constant variable
```

对于引用类型的数据，即便是将其地址指向修改为自身的地址也会抛出异常，示例如下。

```
    const arr  = [];
    const arr2 = arr;
    arr = arr2; // 抛出异常 > Uncaught TypeError: Assignment to constant variable
```

这个示例之后，声明了一个变量 arr，并将 arr 中存储的堆中的地址赋值给另一个变量 arr2，此时 arr2 和 arr 中存放的地址指向堆中的同一个对象，之后，将 arr 的地址修改为 arr2 的地址，即将 arr 的地址修改为自身的地址，此时，控制台抛出异常，这表示被 const 声明的数组或对象的地址指向不可修改。

4. 重复声明

在相同作用域内，let 和 const 声明的变量不允许有重复声明，示例如下。

```
    // 仅列出 let 的示例，const 与之类似
    var a = 1;
    let a = 1; // > Uncaught SyntaxError: Identifier 'a' has already been
declared

    let b = 1;
    var b = 1; // > Uncaught SyntaxError: Identifier 'b' has already been
declared

    function foo(arg) {
        let arg;
    }
    foo(); // > Uncaught SyntaxError: Identifier 'arg' has already been declared

    var c = 1;
    {
        let c = 1; // 正常
    }
```

3.2.3 非声明变量

非声明变量是指不使用关键字声明的变量，示例如下。

```
b = 1; // 严格模式下会抛出 ReferenceError: b is not defined
console.log(window.b); // > 1
```

非声明变量会被挂载到 global 对象（浏览器环境下，global 对象指的是 window 对象）的属性上，因此可以通过 window 访问。

- **var 声明变量和非声明变量的区别**

示例如下。

```
var a = 1;
b = 2;

console.log(window.a); // > 1
console.log(window.b); // > 2

delete a; // -> false
delete b; // -> true
```

删除情况，示例如下。

```
console.log(typeof a); // > string
console.log(typeof b); // > undefined
```

delete 操作符可以删除一个对象的属性，但如果属性是一个不可配置（non-configurable）属性，删除时则会返回 false（严格模式下删除一个不可配置的变量会抛出异常）。

这就表示使用 var 声明的变量是不可配置的，我们可以使用 getOwnPropertyDescriptor 方法来获取描述属性特性的对象，以此验证这一点，示例如下。

```
Object.getOwnPropertyDescriptor(window, "a");
// -> {value: "a", writable: true, enumerable: true, configurable: false}
```

```
Object.getOwnPropertyDescriptor(window, "b");
// -> {value: "b", writable: true, enumerable: true, configurable: true}
```

两者的根本区别在于关键字 var 声明的变量是不可配置的，不能通过 delete 操作符删除。

需要注意的是，configurable 值一旦为 false，描述属性特性的对象就不能被修改，因此不能通过修改属性描述符使 var 声明的变量能被 delete 删除，但反过来，可以使非声明变量也不能被 delete 删除，示例如下。

```
var descriptor = Object.getOwnPropertyDescriptor(window, "b");
// -> {value: "b", writable: true, enumerable: true, configurable: true}

descriptor.configurable = false;
// -> {value: "b", writable: true, enumerable: true, configurable: false}

Object.defineProperty(window, "b", descriptor);
delete b; // -> false
```

现在，你已经学会了多种声明变量的方式，但不同的声明方式应该在什么情况下使用呢？

建议是，尽量使用 const，我们已经知道，let 和 const 声明的变量是不能被重复声明的，但 let 所声明的变量可以被重新赋值，const 可以避免意外情况（例如，没有使用关键字声明变量）下对变量进行赋值操作，导致程序出现错误，而如果想要改变变量，就使用 let 声明变量。

在 ES6 中，避免使用 var。

练习

- 使用不同的方式声明一个变量。

3.3 数据类型

3.3.1 内存空间

在讲数据类型之前，先来了解一下 JavaScript 中的内存空间。

JavaScript 并没有区分栈内存与堆内存，但为了理解 JavaScript 的数据结构，可以将 JavaScript 的内存空间看作是由栈内存与堆内存组成的。

栈内存中存储的是基本数据类型与引用数据类型的地址。

堆内存中存储的是引用数据类型的值，JavaScript 不允许直接访问堆内存中的数据，只能通过栈内存中存储的引用数据类型的地址来访问这些值，如图 3-1 所示。

3.3.2 基本数据类型与引用数据类型

JavaScript 中有 7 种数据类型，具体如下。

- Number

- String
- Boolean
- null
- undefined
- Object
- Symbol

其中 Number、String、Boolean、null、undefined 属于基本数据类型，基本数据类型的数据是按值操作的，操作的是保存在变量中的实际值；Object 和 Symbol 属于引用数据类型，常见的数组、对象、函数等都是引用数据类型，操作的是保存在变量中的地址。

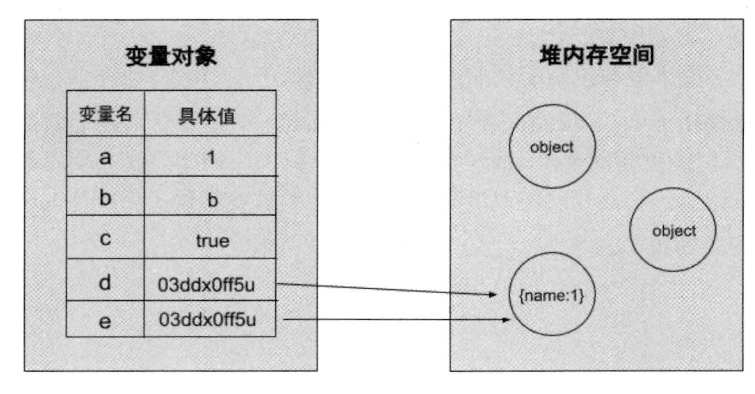

图 3-1　内存空间

例如，我们参加面试时经常遇到的一个问题，具体如下。

```
let a = {name:1};
let b = a;
console.log(b); // > {name:1}

a.name = 2;
console.log(b); // > {name:2}
```

上述示例中，将变量 a 的值赋值给变量 b，实际上是将 a 中所存的地址赋值给变量 b，这两个地址在堆内存中对应的是一个值，因此，对变量 a 的属性 name 进行修改时，实际上修改的是堆内存中的值，尽管没有直接操作变量 b，但变量 b 的值却发生了改变。

再看下面的示例。

```
let a = {name:1};
let b = a;
console.log(b); // > {name:1}

b = {name:1};
a.name = 2;
console.log(b); // > {name:1}
```

上述代码中，对变量 a 的属性 name 进行修改前，为变量 b 重新赋值了另外一个值，此时变量 b 与变量 a 中所存的地址已经不同，因此，对变量 a 的修改不影响变量 b。

实际上，在 ECMAscript 中还有一种数据类型——Reference。Reference 类型在 JavaScript 中

并不存在，其作用是用来描述解释诸如 delete、typeof 和赋值操作符之类的操作符的行为的。

3.3.3　浅拷贝与深拷贝

在上面的示例中，我们直接把变量 a 的值复制给变量 b，这样会导致一个问题——修改变量 a 的值也会对变量 b 的值造成影响。这就需要我们去复制一个对象，而不是直接赋值。

复制分为浅复制与深复制，通常称作“浅拷贝”与“深拷贝”。

浅拷贝只对对象的第一层键值进行复制，如果其中某个键存储的是引用类型的数据，复制的将会是该键所存储的地址，那么，很显然，以下面的示例为例，浅拷贝会导致 a.tag 和 b.tag 指向的是同一个地址。

```
    let a = {name:1, tag:['js', 'html', 'css']};
    let b = shallowCopy(a);

    console.log(b); // > {name:1, tag:['js', 'html', 'css']};

    a.tag[0] = 'javascript';

    console.log(b); // > {name:1, tag:['javascript', 'html', 'css']};

    console.log(a.tag === b.tag); // > true

    // 浅拷贝实现
    function shallowCopy(target){
        if (target === null || typeof target === "symbol" || typeof target !==
"object" ) {
            return target;
        }else {
            if (target instanceof Number ||
                target instanceof String ||
                target instanceof Boolean ||
                target instanceof Date ) {
                // 通过 new 运算符创建出来的对象，其 typeof 也会返回 "object"
                return new target.constructor(target.valueOf());
            } else {
                let isArray = Array.isArray(target);
                let result  = isArray ? [] : {};

                if(isArray){
                    result = result.concat(target);
                }else{
                    for (let property in target) {
                        if ( Object.prototype.hasOwnProperty.call(target,
property)) {
                            result[property] = target[property];
                        }
                    }
                }
                return result;
            }
        }
    }
```

而深拷贝不同，深拷贝将复制对象中的所有键值，以保证得到的对象图中不包含原有对象图中对任何对象的引用。

深拷贝是将所有键值都进行复制，所以，在遇到引用类型的数据时，再次调用浅拷贝方法即可。这种在函数内调用函数本身的方式，称作“递归”，后面的章节中还会讲到。现在，修改上面的代码，具体如下。

```
    let a = {name:1, tag:['js', 'html', 'css']};
    let b = deepCopy(a);

    console.log(b); // > {name:1, tag:['js', 'html', 'css']};

    a.tag[0] = 'javascript';

    console.log(b); // > {name:1, tag:['js', 'html', 'css']};

    console.log(a.tag === b.tag); // > false

    // 深拷贝实现
    function deepCopy(target){
        if (target === null || typeof target === "symbol" || typeof target !==
"object" ) {
            return target;
        }else {
            if (target instanceof Number ||
                target instanceof String ||
                target instanceof Boolean ||
                target instanceof Date || ) {
                // 通过 new 运算符创建出来的对象，其 typeof 也会返回 "object"
                return new target.constructor(target.valueOf());
            } else {
                let isArray = Array.isArray(target);
                let result  = isArray ? [] : {};

                if(isArray){
                    for (let i = 0, len = target.length; i< len; i++) {
                        result[i] = typeof target[i] === 'object' ?
deepCopy(target[i]) : target[i];
                    }
                    // result = result.concat(target);
                }else{
                    for (let property in target) {
                        if ( Object.prototype.hasOwnProperty.call(target,
property)) {
                            result[property] =  typeof target[property] ===
'object'? deepCopy(target[property]) : target[property];
                        }
                    }
                }
                return result;
            }
        }
    }
```

由于数组的 concat 方法是浅拷贝，因此需要将它替换成 for 循环。

对于深拷贝，其实有一种极为简单的方式，示例如下。

```
    let a = {name:1, tag:['js', 'html', 'css']};
```

```
let b = JSON.parse(JSON.stringify(a));

console.log(b); // > {name:1, tag:['js', 'html', 'css']};

a.tag[0] = 'javascript';

console.log(b); // > {name:1, tag:['js', 'html', 'css']};

console.log(a.tag === b.tag); // > false
```

这个方法要求被复制的对象必须是一个标准的 JSON 字符串。此外，这个方法将会忽略 target 中包含的 undefined、正则表达式、函数等数值，示例如下。

```
let a = {name:/1/, tag:[undefined, 'html', 'css']};
let b = JSON.parse(JSON.stringify(a));

console.log(b); // > {name:{}, tag:[null, 'html', 'css']};
```

3.3.4 typeof 与 instanceof

在上面的浅拷贝函数中，我们用到了两个操作符进行类型检查——typeof 和 instanceof。其中，typeof 操作符是最常用的类型检查方式，该操作符返回一个字符串，表示被操作值的数据类型，示例如下。

```
// Number, JavaScript 中不区分整数和浮点数:
typeof -1 === 'number';
typeof 0 === 'number';
typeof 1 === 'number';
typeof Math.PI === 'number';
typeof Infinity === 'number';
typeof NaN === 'number';

// String
typeof "" === 'string';
typeof "foo" === 'string';

// Boolean
typeof true === 'boolean';
typeof false === 'boolean';
typeof (2>1) === 'boolean';

// null
typeof null === 'object'; // JavaScript 的设计错误, ES6 中曾提案修复这个 bug, 但
考虑历史遗留代码太多, 提案被否决

// undefined
typeof undefined === 'undefined';
let a;
typeof a === 'undefined'; // 未赋值的变量
typeof b === 'undefined'; // 未声明的变量

// Object
typeof {} === 'object';

// Symbol
typeof Symbol() === 'symbol';
```

```
// function 并不是一个数据类型，而是一个特殊的对象
typeof Number === 'function';
typeof Array === 'function';
typeof function(){} === 'function';
```

对于基本数据类型与 Symbol 数据类型的检查，typeof 操作符完全可以胜任，但对于引用类型的数据，typeof 就不那么可靠了。

JavaScript 中内置的对象和自定义的对象，使用 typeof 返回的都是 'object'，示例如下。

```
typeof new Number() === 'object';
typeof new String() === 'object';
typeof new Boolean() === 'object';
typeof new Date() === 'object';
typeof new People() === 'object';
typeof new Array() === 'object';
typeof [] === 'object';
typeof {} === 'object';

// 但函数的构造方法除外
typeof new Function() === 'function';
```

因此，在上文的浅拷贝函数中，我们借助了 instanceof 运算符来判断其原型，instanceof 运算符返回一个布尔值，表示一个对象的原型是否存在于另一个构造函数（ES6 中的 class 声明的类也是构造函数，关于构造函数与原型的问题会在后续的章节中讲到，目前可暂不理会）的原型链中。

语法：

```
object instanceof constructor;
```

object 为要检查的对象，constructor 为构造函数。

示例代码：

```
console.log([] instanceof Array);   // > true
console.log([] instanceof Number);  // > false
```

由此，我们就可以判断这个对象到底是何种类型，示例如下。

```
```js class People {};
let target = new People(); target instanceof People;

// 试着在这里将 target 改为不同类型的数据，观察控制台的输出结果 // target = ??

console.log(target instanceof People); console.log(target instanceof
Number); console.log(target instanceof String); console.log(target instanceof
Boolean); console.log(target instanceof Date); console.log(target instanceof
Object); ```
```

你可能已经发现，除了基本数据类型、null、undefined 和 Symbol 类型，target instanceof Object 总是返回 true，这是因为原型链的机制引起的，同样，在这里你不需要深入思考原型和原型链的问题。
```

### 3.3.5　类型转换

类型转换分为两种——隐式类型转换和强制类型转换。隐式类型转换发生在不同类型的数据运算时，例如常见的算术运算（不包含递增递减），比较运算中，有些函数也会对入参进行隐式类型转换。这里主要以相等（==）为例讲解，便于稍后与严格相等（===）进行区分，使大家对相等与严格相等有更清晰的认识。

#### 1. == 的比较

a == b，比较 a、b 两个表达式的值，会在比较过程中对两个表达式的值进行隐式类型转换（null 除外），比较后返回 true 或 false 表示两个表达式的值是否相等。

其比较过程如下。

① 如果类型相同，则返回严格相等比较后的结果。

② null 和 undefined 比较返回 true。

③ 将其中的 String 类型转换为 Number 后再次进行 == 比较，并返回比较后的结果。

④ 将其中的 Boolean 类型转换为 Number 后再次进行 == 比较，并返回比较后的结果。

⑤ 如果 a 类型为 String/Number/Symbol，b 类型为 Object，则将 b 转化为基础数据类型后再次进行 == 比较，并返回比较后的结果。

⑥ 如果 b 类型为 String/Number/Symbol，a 类型为 Object，则将 a 转化为基础数据类型后再次进行 == 比较，并返回比较后的结果。

⑦ 否则返回 false。

其中，对象转化为基础数据类型的方式如下。

① 转化为字符串时，如果有 toString 方法，则调用后返回，否则调用 valueOf 方法并返回。

② 转化为数字时，如果有 valueOf 方法，则调用后返回，否则调用 toString 方法并返回。

示例代码如下。

```
// 以下表达式返回 true
0 == 0;
1 == true;
0 == false;
'' == 0;

// 以下表达式返回 false
null == 0;
undefined == 0;
null == undefined;
// {} 转换为字符串 "[object Object]", 其结果为 NaN
[] == {};
1 == {};
0 == {};
```

各类型的数据按表 3-1 的方式转换为数字、布尔值、字符串方式。

表 3-1　数据类型转换

数据类型	转换成数字	转换成布尔值	转换成字符串
Number	不转换	如果被转换的值是 +0/-0/0/NaN，则返回 false，否则返回 true	+0/-0/0 返回 "0"，NaN 返回 "NaN"，其余有效范围内的数字以双引号包裹后返回
Boolean	true 转换为 1，false 转换为 0	不转换	如果被转换的值是 true，则返回 "true"，否则返回 "false"
String	空字符串转换为 0，非纯数字（Infinity 等表示的是一个纯数字）的字符串转换为 NaN	如果被转换的值是空字符串，则返回 false，否则返回 true	不转换
null	不进行隐式类型转换	false	"null"
undefined	NaN	false	"undefined"
Object	转换为基础数据类型，如果不是数字，再继续转化为数字	true	转换为基础数据类型，如果不是字符串，再继续转化为字符串
Symbol	报错	true	报错

这里有一道有趣的题目，试着思考下面的代码输出的是 true 还是 false，相信这个题目会加深你对 == 比较的认识。

```
let a = {
    value:1,
    valueOf:function(){
        return a.value++
    }
}

console.log(a == 1 && a == 2 && a ==3); // ?
```

答案已经很明显了，最终输出是 true，首先 a == 1，左边的表达式是一个对象，右边的表达式是一个数字，因此会调用对象的 valueOf() 方法，valueOf() 方法将 a.value 的值自增后，返回自增前的值，此时 valueOf() 返回 1，1 == 1 返回 true，a.value 的值已经自增为 2，然后进行 a == 2 的比较，过程同上，最终，整个表达式的返回值为 true。

2. === 的比较

a === b，比较 a、b 两个表达式的类型和值是否相等，比较后返回 true 或 false 表示两个表达式的值是否相等，其比较过程如下。

① 如果类型不同，返回 false。

② 类型相同，均为 Number。

A 其中含有 NaN，返回 false。

B 其中不含 NaN，值相同，返回 true。

C +0 、 -0 和 0 之间比较返回 true。

D 否则返回 false。

③ 均为 undefined，返回 true。

④ 均为 null，返回 true。

⑤ 均为 String，如果两个表达式的值长度相同，且相应索引对应的编码单元相同，返回 true，否则返回 false。

⑥ 均为 Boolean，如果两个表达式的值都是 true 或 false，返回 true，否则返回 false。

⑦ 均为 Symbol，如果两个表达式的值都是相同的 Symbol 值，返回 true，否则返回 false。

⑧ 均为 Object，如果两个表达式的值指向同一个对象，则返回 true，否则返回 false。

示例代码如下：

```
// 以下表达式返回 true
'' === 0;
+0 === 0;
+0 === -0;
'js' === 'js';
false === false;

let a = Symbol();
let b = a;
a === b;

let c = {};
d = c;
d === c;

// 以下表达式返回 false
null === 0;
'js' === 'sj';
Symbol() === Symbol();
{} === {};
```

现在来看一个常见的面试题。

```
// 说出以下表达式的返回结果和转换过程
[] == false;

// 首先，布尔值会被转换为数字，false 会被转换为 0：
[] == 0;
// 两侧表达式的类型仍然不相同，再次进行转换，对象转化为字符串：
[].toString() == '';
'' == 0;
// 两侧表达式的类型仍然不相同，再次进行转换，字符串转化为数字：
0 == 0;
// 类型相同，对左、右两侧表达式进行严格相等比较
0 === 0;
// 类型相同，均为 Number，值均为 0，返回 true
```

除了隐式类型转换，还可以使用强制类型转换来处理转换值的类型，ECMAScript 中可用的 3 种强制类型转换如下。

- Boolean(value)：把给定的值转换成布尔值。
- Number(value)：把给定的值转换成数字。
- String(value)：把给定的值转换成字符串。

其结果与上面的数据类型转换表结果一致。

示例代码：

```
Number(false); // -> 0
Boolean("");   // -> false
String(null);  // => "null"
```

此外，ECMAScript 还提供了两种字符串转换成数字的方法——parseInt() 和 parseFloat()，前者把字符串转换成整数后返回，后者把字符串转换成一个浮点数后返回。

语法：

```
parseInt(string, radix); parseFloat(string);
```

string 表示需要被转换为数字的值，这两个方法会对这个值从头到尾进行测试，在遇到非有效的字符时停止（对于 parseFloat 来说，只有遇到的第一个小数点是有效字符，如果遇到两个小数点，第二个小数点将被作为非有效字符处理），此时，再将之前测试成功的字符转换成数字后返回，如果没有测试成功的字符，则返回 NaN，示例如下。

```
parseInt("");          // -> NaN
parseInt("12px");      // -> 12
parseInt("12.11.1");   // -> 12

parseFloat("");          // -> NaN
parseFloat("12px");      // -> 12
parseFloat("12.11.1");   // -> 12.11
```

如果传入的 string 不是一个字符串，这两个方法都会尝试将其转换为字符串后再进行数字的转换，示例如下。

```
parseInt(12.11);    // -> 12
parseInt([]);       // -> NaN
parseInt({});       // -> NaN

parseFloat(12.11);  // -> 12.11
parseFloat([]);     // -> NaN
parseFloat({});     // -> NaN

// Symbol 无法被转换为字符串，以下两个调用方式都会抛出错误 Uncaught TypeError:
Cannot convert a Symbol value to a string
parseInt(Symbol());
parseFloat(Symbol());
```

上面的示例都是基于十进制的，parseInt() 支持指定返回数值的进制， radix 就表示这个进制，又称为“基数”，它的取值区间为 [2,36] 之间的整数，默认为 10，表示十进制数值系统。

例如，想要把一个数值转换成二进制，示例如下。

```
parseInt(12.11, 2); // -> 1
```

parseFloat() 方法是不支持 radix 的。

3.3.6　基本包装类型

在上面的代码中，有如下一些代码。

```
...
typeof "" === 'string'; // -> true
...
typeof new String() === 'object'; // -> true
...
```

不要被 new String() 中的 Number 迷惑，这里的 Number 并不是数据类型，而是一个构造函数，因此其通过 new 创建的实例是一个对象。

那么，new String() 与 "" 有什么区别呢？示例如下。

```
let a = "";
let b = new String();

console.log(typeof a);  // > "string"
console.log(typeof b);  // > "object"

console.log(a == b);  // > true
console.log(a === b); // > false
```

观察上面的示例可以发现，两者的类型不同，一个是字符串，一个是对象，但两者的值相等，这是因为对象 b 隐式转换后为 0，字符串 a 转换后也为 0，因此两者相等，但不严格相等。

现在，尝试操作一下这两个变量，看看这两个变量会发生什么改变，示例如下。

```
console.log(a);  // > ""
console.log(b);  // > String {"", length: 0}

console.log(a.length);  // > 0
console.log(b.length);  // > 0

console.log(a.name = 'js'); // > "js"
console.log(b.name = 'js'); // > "js"

console.log(a);  // > ""
console.log(b);  // > String {"", name: "js", length: 0}

console.log(a.name);  // > undefined
console.log(b.name);  // > "js"
```

上面的示例中，尽管 a 是一个空字符串，但依然可以通过 length 属性去获取它的长度，就好像它是一个对象（例如 b）。既然它是一个“对象”，接下来尝试给它添加一些自定义的属性（例如 name），在对 a 和 b 分别赋予了 name 属性后，我们发现 a 依然是一个空字符串，似乎没有发生任何变化，但对象 b 中却多出了一个 name 属性，那么，是不是这个 name 属性和 length 一样，可以访问，但是不可见呢？然后，我们访问 a 和 b 的 name 属性，发现 a 中并没有被添加的 name 属性，但之前对 a 添加 name 属性时，确实成功且返回了被添加的值，那么对 a 添加的 name 属性去了哪里呢？

实际上，对 a 添加 name 属性时，执行了如下操作：

```
    console.log(a.name = 'js'); // > "js"

    // 上述代码可以看作创建 String 的一个实例，在实例上添加属性，因此返回 "js"，并在执行结束
后销毁这个实例 console.log(new String(a).name = 'js'); // > "js"
```

再看一个示例。

```
let s1 = 'hello world';
let s2 = s1.substring(6);
s2; // -> "world"

// 可以看作为
let s1 = 'hello world';

let s1_ins = new String(s1);  // 创建 String 的一个实例
let s2 = s1_ins.substring(6); // 在实例上调用指定的方法
s1_ins = null;                // 销毁这个实例

s2; // ->  world
```

每当操作一个基本数据类型的时候，会创建一个对应的基本包装类型的对象，以便于在基本数据类型上直接调用其属性和方法，拥有这种特性的数据类型称为“基本包装类型”。在 JavaScript 中，基本包装类型包括 3 个特殊的引用类型——Boolean 、Number 和 String。

操作基本数据类型时，其创建对应的基本包装类型的对象是在后台直接调用的，因此，即便你对构造函数 String 做出修改，也不影响基本数据类型上拥有的属性和方法，示例如下。

```
function String(){}

// 正常
let s1 = 'hello world';
let s2 = s1.substring(6);
s2; // -> "world"

// 报错 > substring is not a function
new String(s1).substring()
```

这也是字符串字面量的一个优点，关于字符串字面量将会在下一节中讲解。

练习

- 假设有变量 a，尝试对其数据类型进行判断。
- 了解 == 与 === 的区别。

3.4 字符串

字符串可以由单引号（ ' ）或双引号（ " ）或反撇号（ ` ）直接包裹 0 个或多个字符组成，像这样的方式直接标识一个字符串也称为字符串字面量表示法，除此之外，还可以通过构造函数 String 来创建一个字符串。

在上一节中，我们已经知道，这两种方式创建的字符串除了类型不同，其值相等，且拥有相同的属性和方法。在日常使用中区别不大，一般情况下，建议使用字符串的字面量表示法，这样更方便，示例如下。

```
let foo = 'string';
let bar = "string";
let baz = `string`;
let qux = new String('string');
```

但需要注意的是，以何种引号 / 反撇号开头就必须以相同的引号 / 反撇号结尾，像下面这样的使用方式将会报错。

```
// 以下是错误的使用方式
let foo = 'string";
let bar = 'string`;
let baz = `string";
let qux = new String('string');
```

如果字符串中含有具有特殊功能的字符串，就需要使用转义字符进行转义。转义字符由一个反斜杠和一个或多个字符组成，表 3-2 列举了一些常见的转义字符。

表 3-2　转义字符

代码	代表含义
\'	单引号
\"	双引号
\0	空字符
\\	反斜杠
\n	换行
\r	回车
\t	制表符
\b	退格符
\f	换页符
\u{X} ··· \u{XXXXXX}	unicode 码点

例如，下面的代码就会造成歧义与报错。

```
let foo = 'stri'ng'; // -> 报错
```

这时就需要用到转义字符：

```
let foo = 'stri\'ng';
```

在字符串字面量表示法中，单引号和双引号的使用方法相同，反撇号为 ES6 中新引入的一种字符串字面量语法，可以用它来代替单引号和双引号。在 JavaScript 中，反撇号又被称为“模板字符串”（template strings）。

在模板字符串中，可以包含特定的表达式占位符，JavaScript 会解析这些表达式占位符并返回解析后的字符串，示例如下。

```
let foo = 'hello';
```

```
let bar = `${foo} world`;

console.log(bar);  // > "hello world"
```

这里的表达式不仅只能是一个变量，也可以是其他 JavaScript 语句，示例如下。

```
// 可以进行运算
`${1+1} = ${2}`; // -> "2 = 2"

// 可以是一个函数
`${foo()}`;

...
```

为什么需要模板字符串呢？随着 Web 的应用化，JavaScript 需要做的事也越来越多，拼接字符串更是在代码中随处可见，示例如下。

```
let computer = {
        system:'Ubuntu',
        ram:'8GB',
        cpu:'Intel Core i5'
    }

let html = '<h2> 系统: ' + computer.system + '</h2>' +
           '<p> 内存: ' + computer.ram + '</p>' +
           '<p> 处理器: ' + computer.cpu + '</p>';

console.log(html); // > "<h2> 系统: Ubuntu</h2><p> 内存: 8GB</p><p> 处理器: Intel
Core i5</p>"
```

普通字符串无法表示多行字符串，因此需要使用加号连接符进行连接，上面的写法使用了大量的加号连接字符串，这就导致代码阅读起来并不是很直观，尤其是在处理大量复杂数据的情况下，这种写法很容易导致代码出现问题（写代码时基本是没有问题的，但当接手别人的项目或维护自己很久之前写的代码时，这种写法就显得比较乱，对这类代码进行修改时也容易出现问题）。

模板字符串正是在这样的环境下产生的，使用模板字符串可以很好地解决上面的问题，示例如下。

```
let computer = {
        system:'Ubuntu',
        ram:'8GB',
        cpu:'Intel Core i5'
    }

let html = `<h2> 系统: ${computer.system}</h2>
            <p> 内存: ${computer.ram}</p>
            <p> 处理器: ${computer.cpu}</p>`;

console.log(html);

// > "<h2> 系统: Ubuntu</h2>
            <p> 内存: 8GB</p>
            <p> 处理器: Intel Core i5</p>"
```

这样，我们的代码看起来就很清晰了，但要注意的是，模板字符串会保留其中的空格、换行符、制表符等。因此，在上面的代码中，就多出了一些空格和换行符，我们可以使用 trim() 方法来去除这些多余的字符。

3.4.1　字符串的特点

字符串是不可变的，即一旦字符串被创建，该字符串的值就不能改变了，如果要改变一个变量中包含的字符串的值，需要用另一个字符串赋值给该变量，原来的字符串将会被销毁。

这个过程与上一节中的基本包装类型类似，示例如下。

```
let foo = "hello";

foo = "world";

console.log(foo); // > "world";
```

上述代码可以看作是执行了类似下面的操作。

```
let foo = "hello";

foo = new String("world");
// 销毁 "hello"、销毁 "world"

console.log(foo); // > "world"
```

上述代码中，对变量 foo 赋值时，实际上是创建了一个新的字符串，并将该字符串的值赋值给变量 foo，并不是直接将 "hello" 的值修改为 "world"，而在变量 foo 的值发生改变后，"hello" 不再被使用，将会被直接销毁。

为了进一步验证上面的结果，我们直接修改原字符串的值。

同样，下面的示例中，"hello world" 是以 "hello" 和 " world" 创建的两个新字符串的值连接后返回的结果。

```
let foo = "hello" + " world";

// foo = new String("world") + new String(" world");

console.log(foo);  // > "hello world"
```

3.4.2　length 属性

length 是一个属性，而不是一个方法，length 属性返回字符串的长度，示例如下。

```
'string'.length; // -> 5
```

如果字符串中包含转义字符，每个转义字符会被解析成一个字符，示例如下。

```
'\n'.length;      // -> 1
'\u0068\u0065\u006c\u006c\u006f'.length; // -> 5
```

3.4.3　实例方法

JavaScript 提供了一些方法用来对字符串进行操作，这些方法看起来很多，但实际上很多方法都是类似的。

这些方法不会修改字符串本身，而是返回一个新的字符串或其他值。

1. str.charAt([index]) 和 str.charCodeAt([index])

str.charAt([index]) 和 str.charCodeAt([index]) 这两个方法用来对字符串中指定索引处的字符进行取值，并将所取得的值返回。其中，charAt() 方法取的是字符串中指定索引 index 处的字符，而 charCodeAt() 方法取的是该字符的 Unicode 码点。

索引 index 的取值区间为 [0,length-1] 的数字（length 为字符串的长度），如果索引不是数字，将会隐式转换成一个数字，默认为 0，示例如下。

```
let foo = "hello world";

// 取字符
foo.charAt();      // -> "h"
foo.charAt(0);     // -> "h"
foo.charAt([]);     // -> "h"
foo.charAt([1]);    // -> "e"
foo.charAt(null);   // -> "h"

// 取字符的 `Unicode` 码点
foo.charCodeAt();      // -> 104
foo.charCodeAt(0);     // -> 104
foo.charCodeAt([]);     // -> 104
foo.charCodeAt([1]);    // -> 101
foo.charCodeAt(null);   // -> 104
```

在 JavaScript 中，索引是从 0 开始的，因此取索引为 0 处的字符，取得就是第一个字符。

如果索引的值不是整数，这两个方法都会将该值进行去尾操作，并使用去尾后的数值作为索引，示例代码如下。

```
let foo = "hello world";

// 非整数索引取字符
foo.charAt(0.9);   // -> "h"

// 非整数索引取字符的 `Unicode` 码点
foo.charCodeAt(0.9);   // -> 104
```

对于索引不在区间内的，charAt() 方法将会返回一个空字符串，而 charCodeAt() 则是返回 NaN，示例如下。

```
let foo = "hello world";

// 取字符
foo.charAt(-1);   // -> ""

// 取字符的 `Unicode` 码点
foo.charCodeAt(-1);   // -> NaN
```

不过，一般情况下很少使用 charAt() 方法，因为还有另外一种更便捷的方式可以获取指定索引出的字符，示例如下。

```
foo[0];   // -> "h"

// 这种方式不会对索引值进行类型转换，也不会执行去尾操作
foo[0.9];   // -> undefined
foo[null];  // -> undefined
foo[-1];    // -> undefined
```

2. str.codePointAt(index)

在 JavaScript 内部，字符是以 UTF-16 的格式存储的，每个字符占用 2 个字节，但有些字符可能会占用 4 个字节（两个 UTF-16，又称 UTF-32）， charCodeAt() 方法不能正确处理这些需要占用 4 个字节的字符，codePointAt() 方法正是为了解决这个问题而出现的。

这个方法与 charCodeAt() 方法类似，同样是返回指定索引处字符的码点，但不同之处在于，codePointAt() 方法的返回值如下。

- 如果该索引处没有字符，则返回 undefined。
- 如果该字符占用 4 个字节，则返回该字符的 UTF-32 的码点。
- 如果该字符占用 2 个字节，则返回该字符的 UTF-16 的码点。

示例如下。

```
let foo = "   ";

foo.length;          // -> 2
foo.charCodeAt(0); // -> 55366
foo.charCodeAt(1); // -> 57289

foo.codePointAt(0); // -> 138185
foo.codePointAt(1); // -> 57289
```

3. str.concat(str1[,⋯, strN])

concat() 方法把一个或多个字符串与 str 连接，并返回一个新的字符串，示例如下。

```
"hello".concat(" world"); // -> "hello world"
```

不过，我们一般用 + 运算符来代替这个方法，示例如下。

```
"hello" + " world"; // -> "hello world"
```

4. str.indexOf(searchString[, fromIndex]) 和 str.lastIndexOf(searchString[, fromIndex])

str.indexOf(searchString[, fromIndex]) 和 str.lastIndexOf(searchString[, fromIndex]) 这两个方法用来查询给定的字符串 searchString 在 str 中首次出现的位置，如果没有找到，就返回 -1，fromIndex 为可选参数，表示从何处开始（包含这个位置）查询。

在 indexOf() 中，fromIndex 默认为 0，如果 fromIndex 小于 0，也会被当作 0 处理，示例如下。

```
let foo = "hello world";

// 查询方向 →

foo.indexOf("o");      // -> 4
foo.indexOf("o", 0);   // -> 4
foo.indexOf("o", -1);  // -> 4

foo.indexOf("o", 4);   // -> 4

foo.indexOf("o", 5);   // -> 7
```

上述代码中，不指定 fromIndex，或指定 fromIndex 小于等于 0，表示的是从字符串的起始位置开始往后查询，遇到的第一个 "o" 的索引为 4，因此返回 4；当指定 fromIndex 为 5 时，将从字符串的索引位置为 5 的位置（空字符）开始往后查询，直到遇到第一个 "o" 的索引为 7，返回索引 7。

当 fromIndex 的值超出字符串的最大索引，即 fromIndex 的值大于等于字符串的长度时，将会返回 -1。通过前文我们已经知道，对于索引不在区间内的，charAt() 方法将会返回一个空字符串，也就是说，可以看作是超出字符串长度的是全都是空字符串，如果要查找的字符串不为空，那么，在超出最大索引的位置外就找不到匹配的字符，因此返回 -1。

示例代码如下。

```
// 查询方向 →

// 超出最大索引，要查找的字符串不为空时，indexOf() 返回 -1
foo.indexOf("o", 11);  // -> -1
foo.indexOf("o", 15);  // -> -1

// 超出最大索引，要查找的字符串为空时，indexOf() 返回字符串的长度
foo.indexOf("", 11);  // -> 11
foo.indexOf("", 15);  // -> 11

// 要查找的字符串为空时，indexOf() 返回起始查询索引位置
foo.indexOf("");      // -> 0
foo.indexOf("", 1);   // -> 1
```

lastIndexOf() 方法与 indexOf() 方法类似，只不过查询方式与 indexOf() 相反，是从后向前查找的。

在 lastIndexOf() 中，fromIndex 默认为字符串的最大索引值（以下简称 str.length-1），如果 fromIndex 大于最大索引值，也会被当作最大索引值处理，示例如下。

```
let foo = "hello world";

// 查询方向 ←

foo.lastIndexOf("o");     // -> 7
foo.lastIndexOf("o",10); // -> 7

foo.lastIndexOf("o",11); // -> 7
foo.lastIndexOf("o",15); // -> 7
```

当 fromIndex 的值小于等于 0 时，示例如下。

```
// 查询方向 ←

// 要查找的字符串不为空时，indexOf() 返回 -1
foo.lastIndexOf("o", 11);  // -> -1
foo.lastIndexOf("o", 15);  // -> -1

// 要查找的字符串为空时，indexOf() 返回 0
foo.lastIndexOf("", 11);  // -> 11
foo.lastIndexOf("", 15);  // -> 11

// 要查找的字符串为空时，indexOf() 返回起始查询索引位置
foo.lastIndexOf("");      // -> 0
foo.lastIndexOf("", 1);  // -> 1
```

可以用这两个方法判断一个字符串是否包含另一个字符串，示例如下。

```
let foo = "hello world";

if(foo.indexOf('hello') !== -1){
    // ...
}
```

5. str.includes(searchString[, fromIndex])、str.startsWith(searchString [, fromIndex]) 和 str.endsWith(searchString [, fromIndex])

ES6 中新增了 3 种方法来判断一个字符串是否被另一个字符串包含（此前，只能通过对 lastIndexOf() 与 indexOf() 返回的索引值进行判断来判断），如果被包含，则返回 true，否则，返回 false。

fromIndex 为可选参数，表示从何处开始查询，默认为 0，示例如下。

```
let foo = "hello world";

// 判断一个字符串是否包含另一个字符串
foo.includes("hello");       // -> true
foo.includes("hello", 0);    // -> true
foo.includes("hello", 1);    // -> false

// 判断一个字符串的开头是否匹配另一个字符串
foo.startsWith("hello");     // -> true
foo.startsWith("hello", 0); // -> true
foo.startsWith("hello", 1); // -> false

// 判断一个字符串的结尾是否匹配另一个字符串
foo.endsWith("world");       // -> true
foo.endsWith("world", foo.length);   // -> true
foo.endsWith("world", foo,length-1); // -> false
```

endsWith() 方法与 lastIndexOf() 类似，也是从后向前查找的，但 endsWith() 是从 fromIndex() 之后（不包含当前指定的索引位置）开始查询的，示例如下。

```
let foo = "hello world";

foo.endsWith("d", 10);      // -> false
foo.lastIndexOf("d", 10);   // -> 10
```

6. str.search(regexp)

str.search(regexp) 方法与 indexOf() 相同，返回匹配到的字符串在 str 中首次出现的位置，如果没有找到，则返回 -1，只不过 search() 方法接收一个正则表达式作为参数（非正则表达式会被转换为正则表达式处理），示例如下。

```
"hello world".search(/l/); // -> 2
"hello world".search(/a/); // -> -1

// 非正则表达式转为正则表达式处理
"hello world".search("l"); // -> 2
"hello world".search("a"); // -> -1
```

7. str.localeCompare(compareStr)

localeCompare() 方法用来比较两个字符串，如果 str 小于 compareStr，则返回负值，如果 str 等于 compareStr，则返回 0，如果 str 大于 compareStr，则返回正值，示例如下。

```
// Chrome 59
"a".localeCompare("b");  // -> -1
"a".localeCompare("a");  // -> 0
"b".localeCompare("a");  // -> -1
```

8. str.padStart(targetLength [, char]) 和 str.padEnd(targetLength [, char])

ES8 中引入了 padStart() 和 padEnd() 两个方法用来补全字符串，targetLength 为补全后字符串的长度，这两个方法的返回值都是补全后的字符串。

char 为可选参数，表示用来补全字符串的字符，默认为空格，示例如下。

```
// padStart() 为右对齐，即从字符串开头开始补全
"a".padStart(0);          // -> "a"
"a".padStart(3);          // -> "  a"
"a".padStart(3,"bcd");    // -> "bca"

// padEnd() 为左对齐，即从字符串末尾开始补全。
"a".padEnd(0);            // -> "a"
"a".padEnd(3);            // -> "a  "
"a".padEnd(3,"bcd");      // -> "abc"
```

如果 targetLength 小于当前字符串的长度，则返回当前字符串，示例如下。

```
"a".padStart(0);  // -> "a"

"a".padEnd(0);    // -> "a"
```

9. str.repeat([count])

repeat() 方法将重复 count 次后的 str 连接后返回。

count 为可选参数，表示重复的次数，取值区间为 [0, Infinity)，默认为 0，传入区间外的值，会抛出错误 RangeError，示例如下。

```
// 正确
"hello".repeat();          // -> ""
"hello".repeat(1);         // -> "hellohello"
"hello".repeat(2);         // -> "hellohello"

// 错误
"hello".repeat(-1);          // -> Uncaught RangeError: Invalid count value
"hello".repeat(Infinity);  // -> Uncaught RangeError: Invalid count value
```

10. str.replace(oldValue, newValue)

replace() 方法将 str 中的 oldValue 替换为 newValue。

oldValue 可以是一个字符串或正则表达式，具体如下。

- oldValue 为字符串时，将匹配到的第一个 oldValue 替换为 newValue。

- oldValue 为正则表达式时，将匹配到的 oldValue 替换为 newValue。

示例如下。

```
// 字符串，只替换匹配到的第一个值
"hello world".replace("l","L"); // -> "heLlo world"

// 正则，替换正则表达式匹配到的值
"hello world".replace(/l/,"L");  // -> "heLlo world"
// g 表示全局匹配
"hello world".replace(/l/g,"L"); // -> "heLLo worLd"
```

newValue 表示用来替换 oldValue 的新值，newValue 可以是一个字符串或函数，具体如下。

- newValue 为字符串时，该字符串内可插入一些具有特殊含义的字符。
- newValue 为函数时，函数的返回值将被作为替换字符串处理。

示例如下。

```
// newValue 为函数时

"hello world".replace("l",function(str){
    console.log(str);
    return "L"
});
// -> "heLlo world"

"hello world".replace(/l/g,function(str){
    console.log(str);
    return "L"
});
// -> l
// -> l
// -> l
// -> "heLlo world"
```

此外，newValue 中还有一些特殊的字符表示匹配的结果，如表 3-3 所示。

表 3-3　特殊字符

代码	含义
$$	一个 "$"
$&	匹配到的字符串
$`	匹配到的字符串左边的内容
$'	匹配到的字符串右边的内容
$num	表示第 num 个括号匹配到的字符串，如 $1、$2 表示第一个和第二个括号匹配到的字符串

示例如下。

```
// 将空格替换为 -
"hello world".replace(/\s/,"-");    // -> "hello-world"
// 将空格替换为 &
"hello world".replace(/\s/,"$$");  // -> "hello$world"
// 将空格替换为其本身
"hello world".replace(/\s/,"$&");  // -> "hello world"
```

```
// 将空格替换为其左边的内存
"hello world".replace(/\s/,"$`");  // -> "hellohelloworld"
// 将空格替换为其右边的内存
"hello world".replace(/\s/,"$'");  // -> "helloworldworld"

// 只有一个括号，$2 表示的匹配字符串不存在，直接显示 $2
"hello world".replace(/(\w+)/,"$1 $2");         // -> "hello $2 world"
// 存在
"hello world".replace(/(\w+)\s(\w+)/,"$2 $1"); // -> "world hello"
// 没有括号时，$num 为普通字符串
"hello world".replace(/hello/,"$1 $2");         // -> "$1 $2 hello"
```

11. str.slice(startIndex[, endIndex]) 和 str.substring(startIndex[, endIndex])

slice() 方法从 str 中截取一段字符串，并将其返回。startIndex 表示从何处开始截取，默认为 0; endIndex 为可选参数，表示截取到何处（不包含 endIndex），默认为字符串的长度，示例如下。

```
"hello world".slice();    // -> "hello world"
"hello world".slice(0);   // -> "hello world"
"hello world".slice(0,1); // -> "h"
```

substring() 方法与 slice() 方法类似，示例如下。

```
"hello world".substring();    // -> "hello world"
"hello world".substring(0);   // -> "hello world"
"hello world".substring(0,1); // -> "h"
```

不同之处在于，slice() 的参数为负值时，会被当作参数 index + 字符串长度 length 处理，示例如下。

```
"hello world".slice(-1);        // -> "d"
"hello world".slice(-2,-1);     // -> "l"
```

substring() 则将负值当作 0 处理，示例如下。

```
"hello world".substring(-1); // -> "hello world"
```

如果不知道某个字符串的索引，那么此时就需要用到前面所学的 indexOf() 和 lastIndexOf()，或者 search() 方法。

12. str.substr(startIndex[, subLength])

substr() 方法与 slice 类似，也是从 str 中截取一段字符串，并将其返回。fromIndex 可以为负值，只不过 substr() 的 subLength 表示的是截取的字符串的字符个数，默认截取到字符串的末尾，示例如下。

```
"hello world".substr();       // -> "hello world"
"hello world".substr(0);      // -> "hello world"
"hello world".substr(0,1);    // -> "h"
"hello world".substr(1,2);    // -> "el"
"hello world".substr(-10,1); // -> "e"
```

13. str.split([separator[, limit]])

split() 方法将字符串用分隔符 separator 分割成数组，并将其返回。limit 为可选参数，表示返回的数组长度，limit 为负值时会被忽略。

分隔符 separator 支持正则表达式，示例如下：

```
    "hello world".split("");       // -> ["h", "e", "l", "l", "o", " ", "w", "o",
"r", "l", "d"]
    "hello world".split(" ");      // -> ["hello", "world"]
    "hello world".split(" ",1);    // -> ["hello"]
    "hello world".split(/(\w+)/); // -> ["", "hello", " ", "world", ""]
```

14. str.toLocaleLowerCase()、str.toLocaleUpperCase()、str.toLowerCase() 和 str.toUpperCase()

这四个方法可以将字符串中的字母（以下简称“特定字符”）进行大小写转化，并返回转化后的字符串，具体如下。

- toLocaleLowerCase 使用本地化的规则将特定字符转化为小写。
- toLocaleUpperCase 使用本地化的规则将特定字符转化为大写。
- toLowerCase 将特定字符转化为小写。
- toUpperCase 将特定字符转化为大写。

示例如下。

```
let foo = "hello world";

foo.toLocaleUpperCase();  // -> "HELLO WORLD"
foo.toLocaleLowerCase();  // -> "hello world"
foo.toUpperCase();        // -> "HELLO WORLD"
foo.toLowerCase();        // ->  "hello world"
```

15. str.trim()、str.trimLeft() 和 str.trimRight()

这三个方法去除字符串左右两边的空格，并返回新的字符串，具体如下。

- trim：去除字符串两边的空格。
- trimLeft：去除字符串左边的空格。
- trimRight：去除字符串右边的空格。

示例如下。

```
let foo = "   hello world   ";

foo.trim();      // -> "hello world"
foo.trimLeft();  // -> "hello world   "
foo.trimRight(); // -> "   hello world"
```

练习

- 创建一个字符串，在其上调用不同的字符串方法，并对比调用方法后返回值与原字符串的区别。

3.5 运算符

3.5.1 算术运算符

1. 加法（+）、减法（-）、乘法（*）、除法（/）

- 加法（+）运算符对操作数进行求和，也可用来连接两个字符串。
- 减法（-）运算符对操作数进行求差。
- 乘法（*）运算符对操作数进行求积。
- 加法（+）运算符对操作数进行求商。

语法：

```
js expr1 + expr2; expr1 - expr2; expr1 * expr2; expr1 / expr2;
```

示例代码：

```
```js 1 + 1; // -> 2 1 - 1; // -> 0 1 * 1; // -> 1 1 / 1; // -> 1
Infinity * 10; // -> Infinity Infinity / 10; // -> Infinity Infinity * 0; // -> NaN
NaN * 10; // -> NaN NaN / 10; // -> NaN NaN * 0; // -> NaN ```
```

当加法（+）运算符用来连接字符串时，JavaScript 会将操作数进行隐式类型转换后，再进行连接，示例如下。

```
```js // Number + String 1 + ""; // -> "1" 1 + "0"; // -> "10"
// Number + Boolean 1 + true; // -> 1 1 + false; // -> 1
// Number + null 1 + null; // -> 1
// Number + undefined 1 + undefined; // -> NaN
// Number + Object 1 + {}; // -> "1[object Object]"
// Number + Symbol 1 + Symbol(); // -> Uncaught TypeError: Cannot convert a Symbol value to a number
// Number + Array 1 + ["2","3"]; // -> "12,3"
// Number + Function 1 + function(){}; // -> "1function (){}" ```
```

2. 幂（**）

对被操作数进行乘方运算。

语法： js expr1 ** expr2; expr1 为底数，expr2 为指数。

示例代码：

```
```js 2 ** 1; // -> 2 2 ** 2; // -> 4 2 ** 3; // -> 8
(-2) ** 1; // -> -2 (-2) ** 2; // -> 4 (-2) ** 3; // -> -8
Infinity ** 0; // -> 1 NaN ** 0; // -> 1 ```
```

3. 取模（%）

返回第一个操作数除以第二个操作数的余数。
```

**语法：**

```
expr1 % expr2;
```

示例代码：

```
10 % 3; // -> 1
9 % 3;  // -> 1

Infinity % 3; // -> NaN
NaN % 3;        // -> NaN
```

4. 一元正（+）

对操作数进行取值操作并返回，如果操作数不是 Number 类型，会将其转化为 Number 类型，示例如下。

```
+0;       // -> 0
+1;       // -> 1
+(-1);    // -> -1
+"1";     // -> 1
+"1a";    // -> NaN
+true;    // -> 1
+null;    // -> 0
+{};      // -> NaN
```

5. 一元反（-）

用来对操作数进行取反操作，示例如下。

```
-0;     // ->0
-1;     // ->-1
-(-1); // ->1
```

6. 递增（++）、递减（--）

递增（++）运算符将操作数 +1 后返回一个数值，递减（--）运算符将操作数 -1 后返回一个数值。

语法：

```
expr++;
++expr;

expr--;
--expr;
```

示例代码：

```
```js let foo = 1, let baz = 1;

// 先取值再计算 foo++; // -> 1 baz--; // -> 1

console.log(foo,baz); // > 2,0 ```
```

上述代码中，定义了两个变量 foo 和 baz，并赋值为 1，之后分别对 foo 和 baz 进行递增和递减操作，此时返回值均为 1，这是因为递增和递减运算符两种使用方式的返回值不同，具体如下。

• 位于被操作数之后，返回递增（减）前的数值。
```

- 位于被操作数之前，返回递增（减）后的数值。

**示例代码：**

```
let foo = 1,
let baz = 1;

// 先计算再取值
++foo;  // -> 2
--baz;  // -> 0

console.log(foo,baz); // > 2,0
```

3.5.2 逻辑运算符

1. 逻辑与（&&）

逻辑与（&&）会在遇到能够被转化为 false 的操作数后返回该操作数，如果没有，则返回最后一个操作数。

语法：

```
expr1 && expr2;
```

示例代码：

```
// 遇到可转化为 `false` 的操作数
1 && false;  // -> false
1 && "";     // -> ""

false && 1;  // -> false
"" && 1;     // -> ""

// 没有遇到可转化为 `false` 的操作数
1 && 2;      // -> 2
1 && 2 && 3; // -> 3
```

2. 逻辑或（||）

逻辑或（||）会在遇到能够被转化为 true 的操作数后返回该操作数，如果没有，则返回最后一个操作数。

语法：

```
js expr1 || expr2;
```

示例代码：

```
``js // 遇到可转化为true` 的操作数 1 || false; // -> 1 1 || ""; // -> 1

false || 1; // -> 1 "" || 1; // -> 1

// 没有遇到可转化为 true 的操作数 false || ""; // -> "" false || "" || null; //
-> null ```
```

利用逻辑与（&&）和逻辑或（||）的这个特性，可以方便地做短路运算，以精简代码，示例如下。

```
function foo(name){
  return name || '';
}
```

3. 逻辑非（!）

如果操作数能够被转化为 true，则逻辑非（!）返回 false；如果操作数能够被转化为 false，则逻辑非（!）返回 true。

语法：

```
lexpr;
```

示例代码：

```
!false;   // -> true
!true;    // -> false

!"";      // -> true
```

有时，你可能会看到 !! 的用法，!! 相当于使用 Boolean 进行类型转换，但在 if 语句中，!! 是不必要的，因为 if 语句本身会对其中的表达式进行 Boolean 操作，使用 !! 反而会增加额外的性能消耗，示例如下。

```
if(expr){ // 相当于 Boolean(expr)

}

// 不推荐的方式
if(!!expr){ // 相当于 Boolean(Boolean(expr))

}
```

3.5.3　比较运算符

比较运算符返回一个布尔值，表示两个操作数的比较结果。

1. 大于（>）、小于（< ）、大于或等于（>=）、小于或等于（< =）

比较运算符在比较 expr1 和 expr2 时，如果 expr1 和 expr2 类型不同，则将它们转化成字符串、数字或布尔值进行比较，具体如下。

- 大于（>）：expr1 大于 expr2 时，返回 true。
- 小于（<）：expr1 小于 expr2 时，返回 true。
- 大于或等于（>=）：expr1 大于或等于 expr2 时，返回 true。
- 小于或等于（<=）：expr1 小于或等于 expr2 时，返回 true。

语法：

```
expr1 > expr2;
expr1 < expr2;
expr1 >= expr2;
expr1 <= expr2;
```

示例代码：

```
2 > 1;  // -> true
2 < 1;  // -> false
2 >= 1; // -> true
2 <= 1; // -> false

// 转化成字符串比较，比较字符串时，比较的是字符串的 Unicode 字符值
1 > "a"; // -> false
// "1".charCodeAt() -> 49
// "a".charCodeAt() -> 97

"ab" > "ac"; // -> false
// "b".charCodeAt() -> 98
// "c".charCodeAt() -> 99
```

2. 相等（==）、不相等（!=）

相等（==）和不相等（!=）会将两个操作数转换类型后进行比较。

语法：

```
js expr1 == expr2; expr1 != expr2;
```

示例代码：

```
```js 1 == '1'; // -> true 0 == ''; // -> true 0 == '0'; // -> true '' ==
'0'; // -> false

1 != '1'; // -> false 0 != ''; // -> false 0 != '0'; // -> false '' != '0';
// -> true ```
```

3. 严格相等（===）、严格不等（!==）

严格相等（===）和严格不等（!==）直接比较两个操作数，不进行类型转换。

语法：

```
expr1 === expr2;
expr1 !== expr2;
```

示例代码：

```
1 === 1;   // -> true
1 === '1'; // -> false

1 !== 1;   // -> false
1 === '1'; // -> true
```

3.5.4 三元运算符

三元运算符对第一个表达式进行判断，并根据其结果返回不同的表达式。

语法：

```
js expr ? expr1 : expr2;
```

如果 expr 转化为布尔值后为 true，则返回 expr1，否则返回 expr2。
```

**示例代码：**

```
js true ? 1 : 2; // -> 1 false ? 1 : 2; // -> 2
```

3.5.5　赋值

赋值运算符将表达式右边的值赋值给左边的变量。

1. 赋值运算符

语法：

```
expr1 = expr2;
```

示例代码：

```
let a = 1;
console.log(a);   // > 1

let b = a;
console.log(b);   // > 1
```

2. 复合赋值

复合赋值是将某些运算符与赋值运算符组合使用，示例如下。

```
let a = 1;

a += 1;   // -> 2
a -= 1;   // -> 1
a *= 2;   // -> 2
a /= 1;   // -> 2
a **= 2;  // -> 4
a %= 2;   // -> 0
```

3. 解构赋值

解构赋值用于从数组或对象提取值，并保存到新的变量中。

数组的解构赋值，示例如下。

```
let [a, b, c] = [1, 2, 3];

console.log(a); // > 1
console.log(b); // > 2
console.log(c); // > 3

// 交换变量的值
[a, b] = [b, a];

console.log(a); // > 2
console.log(b); // > 1

// 提取部分值
let [d,,f] = [1, 2, 3];
```

```
console.log(d); // > 1
console.log(f); // > 3
```

对象的解构赋值，示例如下。

```
let {foo, bar} = {
  foo:'foostr',
  bar:'barstr'
};
console.log(foo);  // > "foostr"
console.log(bar);  // > "barstr"

// 可以为其设置默认值
let {baz = "bazstr"} = {};
console.log(baz);  // > "bazstr"

// 也可以为新变量重命名
let {foo:a} = {
  foo:'foostr'
};
console.log(a);    // > "foostr"
```

字符串的解构赋值，示例如下。

```
let [a,,,,e] = "hello";

console.log(a);   // > "h"
console.log(e);   // > "o"

// length 属性
let {length} = 'hello';
console.log(length);   // > 5
```

3.5.6 位运算符

按位操作符（Bitwise operators）将其操作数（operands）当作32位的比特序列（由0和1组成），而不是十进制、十六进制或八进制数值。

例如，十进制数9，用二进制表示则为1001。按位操作符操作数字的二进制形式，但是返回值依然是标准的JavaScript数值。

表3-4总结了JavaScript中的按位操作符。

表 3-4 位运算符

运算符	用法	描述
按位与（AND）	a & b	对于每一个比特位，只有两个操作数相应的比特位都是1时，结果才为1，否则为0
按位或（OR）	a	b	对于每一个比特位，当两个操作数相应的比特位至少有一个1时，结果为1，否则为0
按位异或（XOR）	a ^ b	对于每一个比特位，当两个操作数相应的比特位有且只有一个1时，结果为1，否则为0
按位非（NOT）	~ a	反转操作数的比特位，即0变成1，1变成0
左移（Left shift）	a << b	将a的二进制形式向左移b (< 32) 比特位，右边用0填充
有符号右移	a >>b	将a的二进制表示向右移b (< 32) 位，丢弃被移出的位
无符号右移	a >>> b	将a的二进制表示向右移b (< 32) 位，丢弃被移出的位，并使用0在左侧填充

示例代码：

```
// 按位或
0|1;      // => 1
1|1;      // => 1

// 按位与
0&2;      // => 0
1&2;      // => 0

// 否
~2;       // => -3

// 异或
7^12;     // => 11
```

位运算符也可与算术运算符组合使用。

3.5.7　异步操作符 async function

在介绍 async function 前，我们先来讲解 ES6 中出现的 Promise，Promise 是一个构造函数，其提供了异步编程的解决方案，以解决回调函数的问题，同时，其提供的 all 方法也为异步并发（例如并发请求）提供了处理机制。

Promise 的用法如下。

```
let p = new Promise(function(resolve, reject) {
  if (success){
    // 异步操作成功
    resolve(' 成功 ');
  } else {
    // 异步操作失败
    reject(' 失败 ');
  }
});

p.then(function(data){
  console.log(data)
},function(err){
  console.log(err)
})

// 多个异步同时进行
Promise.all([p, p, p]).then(function(dataAyy){
  // dataAyy 为全部成功时返回结果的数组，与 all 方法入参数组的顺序一一对应
  console.log(dataAyy)
},function(err){
  // err 为第一个失败的 Promise 返回的结果
  console.log(err)
})

// 一般不使用 reject，而是直接使用 catch 捕获错误，这样还可以捕获 then 中的错误
p.then(function(data){
  console.log(data)
}).catch(function(err){
  console.log(err)
```

```
})
```

ES8 中引入了 async function，用来简化异步操作，示例如下。

```
async function 返回的正是一个 Promise 对象。

async function foo() {
  return "hello world";
}

foo().then(function(res){
  console.log(res);  // > "hello world"
})
```

如果 async function 内部有 await 命令，则需要等所有的 await 后面的 Promise 对象执行完，才会返回，示例如下。

```
async function foo() {
  return "hello world";
}

foo().then(function(res){
  console.log(res);  // > "hello world"
})

// 模拟 http 请求，生成一个 Promise 对象
function httpRequest() {
  return new Promise(function(resolve, reject){
    setTimeout(function(){
      resolve(1);
    }, 1000);
  });
};

async function action() {
  let a = httpRequest();
  let b = httpRequest();
  return await a + await b;
}

// await 会等待其后的 `Promise` 执行完，再执行之后的代码
async function action2() {
  let a = await httpRequest();
  let b = await httpRequest();
  return  a + b;
}

action().then(function(res){
  console.log(res);  // > 2  // 1 秒后输出
});

action2().then(function(res){
  console.log(res);  // > 2  // 2 秒后输出
});
```

上述代码中的 then 方法也可以使用 await 来省略，await 会在等待 Promise 对象执行完后，直接获取 resolve 的值，示例如下。

await 只能在 async function 定义的函数中使用，下面的示例创建了一个立即调用的函数表达

式，关于立即调用函数表达式请参阅函数一章。

```
(async function(){
  let result = await action();
  console.log(result);  // > 2

  let result2 = await action2();
  console.log(result2);  // > 2
})();
```

上面的示例中，最终执行的结果与直接调用 then 方法的结果有些不同，then 方法的示例会在第 1 秒后输出 2，第 2 秒后输出 2，而 await 的示例会在第 1 秒后输出 2，之后才执行第二个 await，间隔 2 秒后输出 2，因此，实际上是第 3 秒输出的 2，这是 await 的特点，也是 async function/await 致力于解决的痛点之一，将异步代码同步化，降低异步编程的负担。当然，如果你想让上面的示例与调用 then 方法的结果相同，将其拆分成 2 个 async function 即可。

在 await 中，去掉了 then 方法那样的链式操作，因此，也不能使用 catch 方法，如果要捕获其中的错误，可以使用 try…catch 语句，示例如下。

```
(async function(){
  try {
    let result = await action();
    console.log(result);  // > 2

  } catch(err){
    // 这里会捕获 reject 抛出的错误
  }
})();
```

此外，ES6 也提供了 Generator 函数来处理异步编程，有了 async function 则不推荐再使用 function* 来处理异步问题。

Generator 函数由 function* 声明，在函数内部，不仅可以使用 return 返回，还可以使用 yield 返回，和 await 类似，yield 只能在 function* 声明的函数内部使用，示例如下。

```
function* foo(i) {
    yield i++;
    yield i++;
    return i++;
}

let bar = foo(0);

bar.next();  // -> {value: 0, done: false}
bar.next();  // -> {value: 1, done: false}
bar.next();  // -> {value: 2, done: true}
// done 为 true 后表示这个 Generator 函数执行完毕，value 为 undefined
bar.next();  // -> {value: undefined, done: true}
```

Generator 函数是可以嵌套的，示例如下。

```
function* foo(i) {
    yield i++;
    yield* baz(i)
    return i++;
}

function* bar(i) {
```

```
        yield i++;
        yield i++;
    }
    相当于:

    function* foo(i) {
        yield i++;

        let j = i
        yield j++;
        yield j++;

        return i++;
    }
```

现在，使用 Generator 函数运行上面的两个示例。

```
function run (gen) {
  gen = gen()
  return next(gen.next())

  function next (v) {
    return new Promise(function(resolve){
     if (v.done) {
       resolve(v.value)
     } else {
       v.value.then(function(data){
         next(gen.next(data)).then(resolve)
       })
     }
   })
  }
}

function httpRequest() {
  return new Promise(function(resolve, reject){
    setTimeout(function(){
      resolve(1);
    }, 1000);
  });
};

function* action() {
  let a = httpRequest();
  let b = httpRequest();

  a = yield a;
  b = yield b;
  return a + b
}

function* action2() {
  let a = yield httpRequest();
  let b = yield httpRequest();
  return a + b
}

run(action).then(function(data){
  console.log(data);  // > 2  // 1 秒后输出
})
```

```
run(action2).then(function(data){
  console.log(data);  // > 2  // 2 秒后输出
})
```

相比于 async function，function* 的代码更加烦琐，毕竟 Generator 函数不是为异步而生的，Generator 函数更适用于遍历器（Iterator，参照本书相应章节）生成、状态管理、无限序列等场景。

3.5.8　其他运算符

1. delete

从对象中删除一个属性，或从数组中移除一个元素，示例如下。

```
// 删除后，对象中不再存在该属性
let foo = {
  name:""
};
delete foo.name;
foo; // -> {}

// 删除后为空，值为 undefined，仍在数组中占位
let bar = [1, 2, 3];
delete bar[0];
bar;    // -> [empty, 2, 3]
bar[0]; // -> undefined
```

2. typeof 与 instanceof

可查看 3.3.4 小节。

3. void

void 操作符对其后的表达式求值并返回 undefined，一般用来替代 undefined，示例如下。

```
(function (){
  let foo;
  // foo 未赋值，其值为 undefined
  foo === undefined; // -> true

  // undefined 被修改时
  let undefined = "hello";
  foo === undefined; // -> false

  // 使用 void 来替代 undefined
  foo === void 0;    // -> true
})()
```

4. new

new 运算符通过一个构造函数创建一个实例，并返回这个实例。

其语法如下。

```
new constructor[([arguments])]
```

其中，constructor 是一个内置或自定义的构造函数，arguments 为可选的入参，在 constructor 中被使用。

内置的构造函数有很多，例如，Number、String、Boolean、Date、Object、Function 等，示例如下。

```
new Number();  // -> Number {0}
new String();  // -> String {"", length: 0}
new Boolean(); // -> Boolean {false}
new Date();    // -> Tue Mar 06 2018 13:47:59 GMT+0800 (CST)
new Object();  // -> {}
new Function('a', 'return a'); // -> ƒ anonymous(a /*``*/) { return a }
new Array();   // -> []
```

创建一个自定义的构造函数，示例如下。

```
function People {};

// 通过 new 运算符创建一个实例
let p = new People();
```

5. in

返回一个布尔值，表示对象中是否包含该属性，示例如下。

```
"foo" in {};          // -> false
"foo" in {foo:''};   // -> true

// 属性存在于原型链中
"toString" in {};  // -> true
```

6. 逗号

逗号运算符顺序执行表达式，并返回最后一个表达式，示例如下。

```
1, 2, 3;  // -> 3
```

7. 括号 ()

用来提升运算优先级。

3.5.9 运算符优先级

运算符优先级规定了表达式执行运算时的顺序——按照运算符的优先级从高到低执行。如下：先乘除后加减，表 3-5 列出了 JavaScript 中的运算符优先级。

表 3-5 运算符优先级

优先级	运算类型	关联性	运算符
20	圆括号	n/a	(…)

续表

优先级	运算类型	关联性	运算符
19	成员访问	从左到右	… . …
19	需要计算的成员访问	从左到右	… […]
19	new (带参数列表)	n/a	new … (…)
19	函数调用	从左到右	… (…)
18	new (无参数列表)	从右到左	new …
17	后置递增 (运算符在后)	n/a	… ++
17	后置递减 (运算符在后)	n/a	… --
16	逻辑非	从右到左	! …
16	按位非	从右到左	~ …
16	一元加法	从右到左	+ …
16	一元减法	从右到左	- …
16	前置递增	从右到左	++ …
16	前置递减	从右到左	-- …
16	typeof	从右到左	typeof …
16	void	从右到左	void …
16	delete	从右到左	delete …
15	幂	从右到左	… ** …
14	乘法	从左到右	… * …
14	除法	从左到右	… / …
14	取模	从左到右	… % …
13	加法	从左到右	… + …
13	减法	从左到右	… - …
12	按位左移	从左到右	… << …
12	按位右移	从左到右	… >> …
12	无符号右移	从左到右	… >>> …
11	小于	从左到右	… < …
11	小于等于	从左到右	… <= …
11	大于	从左到右	… > …
11	大于等于	从左到右	… >= …
11	in	从左到右	… in …
11	instanceof	从左到右	… instanceof …
10	等号	从左到右	… == …
10	非等号	从左到右	… != …
10	全等号	从左到右	… === …
10	非全等号	从左到右	… !== …
9	按位与	从左到右	… & …
8	按位异或	从左到右	… ^ …
7	按位或	从左到右	… | …
6	逻辑与	从左到右	… && …
5	逻辑或	从左到右	… || …
4	条件运算符	从右到左	… ? … : …
3	赋值	从右到左	… = …
3	赋值	从右到左	… += …

续表

优先级	运算类型	关联性	运算符
3	赋值	从右到左	… -= …
3	赋值	从右到左	… *= …
3	赋值	从右到左	… /= …
3	赋值	从右到左	… %= …
3	赋值	从右到左	… <<= …
3	赋值	从右到左	… >>= …
3	赋值	从右到左	… >>>= …
3	赋值	从右到左	… &= …
3	赋值	从右到左	… ^= …
3	赋值	从右到左	… |= …
2	yield	从右到左	yield …
2	yield*	从右到左	yield* …
1	展开运算符	n/a	… …
0	逗号	从左到右	… , …

练习

- 使用算术运算符。
- 使用逻辑运算符。
- 使用解构运算符。
- 使用 new 运算符创建一个对象。

3.6 条件语句

条件语句用来决定当指定的表达式值为 true 或 false 时，程序将会执行的操作。

3.6.1 if 语句

if 语句是编程中常用的语句，用来判断是否满足某个条件，根据判断的结果执行相应的语句。

语法：

```
if (condition){
   statement
}
```

condition 为任意表达式，if 语句会对 condition 进行隐式类型转换，如果 condition 值为 true，则执行语句 statement。

示例代码：

```
let age = 10;
```

```
// if 语句
if(age === 10){
    console.log(0);
}

// -> 0
```

此外，还可以使用 else 用于 condition 值为 false 时执行其他代码，示例如下。

```
// if ... else
if(age > 10){
    console.log(1);
}else{
    console.log(0);
}

// -> 0
```

else 可以有多个，示例如下。

```
// 多个 else
if(age > 10){
    console.log(1);
}else if(a === 10){
    console.log(0);
}else if(a < 10){
    console.log(-1);
}

// -> 0
```

3.6.2　switch 语句

switch 语句和 if 语句类似，也是用来判断是否满足某个条件，根据判断的结果执行相应的语句，只不过两者的语法不同，switch 语句的语法如下。

```
switch (condition) {
  case value1:
    statement1
    [break;]
  case value2:
    statement2
    [break;]
  ...
  case valueN:
    statementN
    [break;]
  [default:
    statementDefault
    [break;]]
}
```

condition 为任意表达式，switch 语句不会对 condition 的结果进行类型转换，switch 语句将 condition 的值与 case 后面的 value 进行比较，如果两个值严格相等，则执行之后的 statement。

因为 1 === 1，因此下面的示例中，代码的最终输出结果为 1。

```
switch (1) {
```

```
  case "1":
    console.log("1");
    break;
  case 1:
    console.log(1);
    break;
}
```

break 是一个可选的关键字，用于匹配到 case 语句后，跳出这个 switch 语句，不再继续往下匹配，如果没有 break，则继续匹配下一个 case 或 default 语句，示例如下。

```
// 有 break，最终只输出 1
switch (1) {
  case "1":
    console.log("1");
    break;
  case 1:
    console.log(1);
    break;
  case 1:
    console.log(2);
    break;
}

// 没有 break，最终输出 1 和 2
switch (1) {
  case "1":
    console.log("1");
    break;
  case 1:
    console.log(1);
  case 1:
    console.log(2);
    break;
}
```

default 也是一个可选的关键字，用于没有匹配到 case 语句时，执行 statement，示例如下。

```
// 最终输出 2
switch (10) {
  case "1":
    console.log("1");
    break;
  case 1:
    console.log(1);
  default:
    console.log(2);
    break;
}
```

3.6.3 三元运算符

三元运算符也可以作为条件语句使用，而且很多时候使用三元运算符也能让代码更加简洁，示例如下。

```
1 === "1" ? "1" : 1;
```

练习

- 使用 3 种方式判断一个符号是不是 +。
- 使用 3 种方式判断一个符号是 +、-、*、/ 中的哪一个。

3.7　循环语句

循环语句可以让一部分代码反复执行，是一种常见的控制语句。

3.7.1　for

for 语句是编程中常用的循环语句。

语法：

```
for ([initialization]; [condition]; [final-expression]){
   statement
}
```

for 循环包含 3 部分——初始化、测试条件、表达式，可以在 initialization 中初始化变量，for 循环会在每次迭代之前，先测试条件 condition 的值，如果值为 true，则执行循环体内的代码，并执行 final-expression，如果返回值为 false，则不执行循环内的代码，也不会执行 final-expression。

示例代码：

```
// 以下代码依次输出从 1 到 9
for (let i = 0; i < 10; i++) {
    console.log(i);
}

// > 0
// > 1
// > ...
// > 9
```

3.7.2　while

语法：

```
while (condition) {
  statement
}
```

while 语句和 for 语句类似，同样是先测试条件 condition（condition 为必需参数），如果值为 true，则执行循环内的代码。

示例代码：

```
let i = 0;
```

```
while ( i < 10 ) {
  console.log(i)
  i++;
}

// > 0
// > 1
// > ...
// > 9
```

- do…while

do…while 和 while 类似，不同之处在于，不同于 while 的先测试再执行，do…while 语句会先执行循环体内的代码，再测试条件，如果测试条件为 true，则继续执行循环体内的代码。

语法：

```
do{
    statement
} while( condition )
```

示例代码：

```
let i = 0;
do{
    console.log(i);
  i++;
} while( i < 10 )

// > 0
// > 1
// > ...
// > 9
```

乍看，上面的代码与 while 语句的输出结果相同，观察下面的示例能让我们更好地理解 do…while 和 while 的区别。

```
// do...while
let i = 0;
do{
  console.log(i);
  i++;
} while( i < 0 )

// > 0

// while
let j = 0;
while ( j < 0 ) {
  console.log(j)
  j++;
}
```

上述代码中，do…while 和 while 的测试条件均为 false，但 do…while 语句中循环体内的代码执行了一次，while 语句中循环体内的代码没有执行，这也意味着 do…while 语句中循环体内的代码至少会执行一次。

3.7.3　for…in

for…in 语句用来遍历对象的可枚举的属性，关于对象属性是否可枚举，会在后续章节中讲到，这里不必理会。

语法：

```
for (prop in object ){
   statement
}
```

示例代码：

```
let object = {
    first:"hello",
    last:"world"
};

for (let prop in object ){
   console.log(object[prop])
}

// > hello
// > world
```

不要对数组使用 for…in 语句，因为在遍历数组时，prop 表示的是索引，但这个索引是一个字符串，示例如下。

```
let arr = [1, 2, 3, 4, 5];

for (let index in arr) {
 console.log(index+1);
}

// > 01
// > 11
// > 21
// > 31
// > 41
```

这就导致我们在用索引做运算时，可能出现意外的问题（尽管可以使用类型转换来处理，但不推荐）。

再看下面的示例。

```
Array.prototype.clone = function(){};

let arr = [1, 2, 3, 4, 5];

for(let index in arr){
    console.log(arr[index]);
}

// > 1
// > 2
// > 3
// > 4
// > 5
// > ƒ (){}
```

上述代码中，for…in 语句将数组原型上的方法也进行了输出，这与我们期望的结果不同。假如代码中包含了其他对数组原型进行了修改的代码，for…in 语句在遍历数组时就可能出现问题，所以，千万不要对数组使用 for…in 语句。

3.7.4 for…of

for…of 语句在可迭代对象（包括 Array、Map、Set、String、arguments、NodeList 对象等）上创建一个迭代循环，对每个不同属性的属性值调用一个自定义的有执行语句的迭代挂钩。

语法：

```
for (variable of iterable) {
    statements
}
```

示例代码：

```
for (let value of [1, 2, 3]) {
    console.log(value);
}
// > 1
// > 2
// > 3

// 支持解构
let iterable = new Map([["a", 1], ["b", 2], ["c", 3]]);
for (let [key, value] of iterable) {
  console.log(value);
}
// > 1
// > 2
// > 3
```

3.7.5 break 和 continue 语句

break 和 continue 用于控制循环，在上一节的条件语句中，我们接触了 break，break 用于跳出当前循环，continue 则是跳出当次循环，上述的循环语句都支持 break 和 continue。

对比以下代码可以看出两者的区别。

```
// break
for (let i = 0; i < 5; i++) {
    if( i === 3 ){
        break;
    }
    console.log(i);
}
// > 0
// > 1
// > 2

// continue
for (let i = 0; i < 5; i++) {
```

```
        if( i === 3 ){
            continue;
        }
          console.log(i);
    }
    // > 0
    // > 1
    // > 2
    // > 4
```

上述代码中，在 i 等于 3 时，break 语句跳出 for 循环，不再继续往下执行，因此程序只输出 0、1、2；而 continue 语句只是跳出当次循环，因此程序不输出 3，循环继续，最终输出 0、1、2、4。

练习

- 使用不同的循环语句输出 0~10。
- 使用不同的循环语句输出 0~10，并使用 break。
- 使用不同的循环语句输出 0~10，并使用 continue。

3.8　错误处理

在 JavaScript 中，如果一条语句报错无法运行，那么，接下来的代码也无法运行，JavaScript 提供了错误处理语句来处理这个问题。

3.8.1　try…catch

try…catch 用于捕获 try 代码块中的错误，并抛到 catch 中。

语法：

```
try {
   statements
}catch (e) {
   statements
}[finally {
   finally_statements
}]
```

示例代码：

```
try {
   a
}catch (err) {
   console.log(err.message);   // > a is not defined
}
```

finally 是一个可选的关键字，无论 try 在代码块中有没有捕获到错误，都会执行 finally 中的代码。

```
try {
   let a;
```

```
}catch (err) {
   console.log(err.message);
}finally{
   console.log('finally'); // -> "finally"
}
```

3.8.2 throw

throw 用来创建或抛出异常（exception），抛出错误后程序将会停止执行。

语法：

```
throw expression;
```

示例代码：

```
throw 'empty';
console.log('empty');
```

我们可以结合 try…catch，捕获 throw 抛出的错误，以避免程序停止执行，示例如下。

```
try {
    let x = document.getElementById('test').value;
    if (x == '') throw 'empty';
    if (isNaN(x)) throw 'not a number';
    if (x > 10) throw 'too high';
    if (x < 5) throw 'too low';
} catch (err) {
    console.log(err.message);
}
```

练习

- 自定义错误信息。

3.9 严格模式

除了正常运行模式，ES5 中增加了另一种运行模式——严格模式。严格模式使代码在更严格的条件下运行，以消除一些 JavaScript 中语法不合理及怪异之处。所以，我们的建议是尽量使用严格模式。

使用严格模式只需要在代码中添加声明即可，示例如下。

```
"use strict";
```

严格模式可以针对整个脚本或单个函数设置，当 "use strict;" 位于脚本文件的第一行时，则整个脚本都将以严格模式运行，否则，整个脚本以正常模式运行。

针对整个脚本，示例如下。

```
// example.js
"use strict";
console.log("use strict");
```

针对 script 标签，示例如下。

```
<script>
  "use strict";
  console.log("use strict");
</script>
```

针对单个函数，示例如下。

```
function foo(){
  "use strict";
}
```

在严格模式下有一些语句及语法是不能使用的，例如禁止使用 with 语句，delete 只能删除属性描述符中 configurable 设置为 true 的对象属性等。

练习

- 声明严格模式。

第 4 章

函数

本章内容

函数是由事件驱动的、被调用时执行的、可重复使用的代码块。本章将介绍与函数相关的内容，包括函数的定义、参数、递归、闭包，以及立即调用函数表达式，希望阅读本章后，你能够熟练地定义及使用函数。

4.1　定义

在使用函数之前，需要定义函数，有多种定义方式可以使用。

通过 function 关键字声明一个函数，示例如下。

```
function foo(a){
    console.log(a);
}
```

在之前，我们已经了解了变量的声明提前（var hoisting），函数也是存在声明提前的，上述代码中，通过 function 定义的函数可以在声明之前调用，示例如下。

```
foo();

function foo(a){
    console.log(a);
}
```

函数声明提前与变量声明提前的不同点在于，函数声明会在执行环境创建时将函数的引用地址赋值给函数名，因此，通过函数声明创建的函数可以在函数声明前调用。

通过表达式定义一个函数，示例如下。

```
const foo = function(a){
    console.log(a);
};
```

也可以在函数表达式中为函数创建一个名称，不过这个名称只能在函数内部使用，在递归时会用到这种方式，示例如下。

```
const foo = function f(a){
    console.log(a);
};

f(1); // -> Uncaught ReferenceError: f is not defined
foo(1); // > 1
```

通过构造函数定义一个函数，示例如下。

```
const foo =  new Function("a","console.log(a);");
```

4.1.1　返回值

函数拥有返回值，默认为 undefined，可在函数内部使用 return 关键字终止函数执行并返回指定值。

示例代码：

```
function foo(){};

function bar(){
    return '';
};

foo(); // -> undefined
bar(); // -> ""
```

4.1.2 箭头函数（Arrow Function）

箭头函数是 ES6 中新增的一种函数定义方式，使用 => 来快速定义一个函数，箭头函数要比普通函数 / 函数表达式更简洁，示例如下。

```
const foo = x=>x*x;

foo(2); // -> 4
```

上述代码中的 foo 函数等价于：

```
const foo  = function(x){
    return x*x
}
```

1. 箭头函数的括号问题

如果函数的参数只有一个，可以省略参数的圆括号，但如果要定义的函数有多个参数，则不能省略圆括号，需要使用圆括号包裹这些参数，示例如下。

```
// 正确的
x => { ... }

// 正确的
(x) => { ... }

// 错误的，不能省略圆括号
x, y => { ... }

// 正确的
(x, y) => { ... }
```

没有参数时，圆括号也不能省略，示例如下。

```
() => { ... }
```

2. 箭头函数的花括号问题

你可能已经注意到了，上面的箭头函数中，有些有花括号，有些则没有。如果函数中只包含一条语句，可以省略花括号，反之，则不能省略花括号，示例如下。

```
// 可以省略
const foo = x=>x*x;

// 不能省略
const bar = x=>{
    x++;
    return x*x;
};
```

3. 箭头函数中的 this

箭头函数中的 this 是基于词法作用域（Lexical scoping，又称“静态作用域”）的，放弃了所有普通 this 绑定的规则。在词法作用域中，一切变量（包括 this）都是根据作用域链来查找的，在创建箭头函数时，就保存好了上层上下文的作用域链，在箭头函数中访问 this 时，就会去作用域链中查找，因此，箭头函数看起来像是“继承”了外层函数的 this 绑定。

示例代码：

```
```js function Counter(){ this.num = 0; this.num2 = 0;

setTimeout(()=>{
    this.num++;
    console.log("num: "+this.num,this);
},1000)

setTimeout(function(){
    this.num2++;
    console.log("num2: "+this.num2,this);
},1000)
}

let c = new Counter()

// > num: 1 Counter {num: 0, num2: 0} // > num2: NaN Window {frames: Window,
postMessage: ƒ, blur: ƒ, focus: ƒ, close: ƒ, …} ```
```

上述代码中，箭头函数的 this 指向的是函数定义时的作用域 Counter，其内部拥有 num 属性，可以被访问；而不使用箭头函数的，其 this 按照普通 this 的绑定规则，指向执行时的作用域 window（ setTimeout 中的代码是在全局作用域下执行的，如果没有绑定 this，内部代码的 this 指向的就是 window ），而 window 下没有 num2 属性，因此，num2 为 undefined，对 undefined 进行递增时返回 NaN。

4.1.3　关于 this

上文中，我们提到了 this 的绑定规则，简单来说，函数执行时的上下文是谁，this 就指向谁，与函数在何处定义没有任何关系。一般情况下，理解了这句话就够了，但有时候，我们可能不太确定 this 的指向，示例如下。

```
const value = 1;

const foo = {
  value: 2,
  bar: function () {
    return this.value;
  }
}

foo.bar();
(foo.bar)();
(foo.bar = foo.bar)();
(true && foo.bar)();
(foo.bar, foo.bar)();
```

为了彻底理解 this 值的问题，我们就需要从其源头出发。

说到 this，就不得不提到函数，函数调用的表达式为：MemberExpression Arguments。
```

其中，MemberExpression 表示成员表达式，包含以下部分。

- PrimaryExpression
- FunctionExpression
- MemberExpression[ Expression ]
- MemberExpression.IdentifierName
- new MemberExpression Arguments

来看几个例子。

```
const foo = {
    bar:function(){
        console.log(this)
    }
}

function baz(){
    console.log(this)
}

// MemberExpression 为 foo.bar, Arguments 为 ()
foo.bar();

// MemberExpression 为 (foo.bar), Arguments 为 ()
(foo.bar)();

// MemberExpression 为 baz, Arguments 为 ()
baz()
```

简单地归纳一下，MemberExpression 为括号前面的部分，MemberExpression 后面的部分即为 Arguments。

在前文我们介绍了 JavaScript 中的一种虚拟数据类型——Reference。之所以称它虚拟，是因为其只存在于 ECMAscript 规范中。

Reference 由三部分构成：

```
{
    base,
    name,
    strict
}
```

base 的取值可以是 undefined、对象、布尔值、字符串、Symbol 值、数字、Environment Record（环境记录，也可以看作是作用域）。

对于 foo.bar()，其 MemberExpression 为 foo.bar，其表达式为 MemberExpression.Identifier Name，ES6 规范当中对该表达式的返回值进行了描述：Return a value of type Reference whose base value is bv and whose referenced name is propertyNameString, and whose strict reference flag is strict。

也就是说，表达式 MemberExpression . IdentifierName 返回的是一个 Reference 类型的数据，那么，我们就能知道 foo.bar 返回的 Reference 类型的值如下。

```
{
```

```
        base: foo,
        name: 'bar',
        strict: true
    }
```

了解了 MemberExpression 和 Reference 后，我们就可以接触 this 了。

关于函数调用时的执行过程，ECMAscript 规范中对其进行了描述：

```
    1. ref = MemberExpression 的执行结果
    2. func = GetValue(ref) // 获取 ref 的实际值
    3. ReturnIfAbrupt(func) // 检测 func 值是否正常
    4. if (Type(ref) === Reference && IsPropertyReference(ref) !== true &&
GetReferencedName(ref) === "eval"){
        // 处理 eval
        if(SameValue(func, %eval%) === true){
            argList =  ArgumentListEvaluation(Arguments)
            ReturnIfAbrupt(argList) // 检测 argList 值是否正常
            if(argList.length === 0){
                return undefined
            }

            evalText = argList[0]
            if( 是否严格模式 ){
                strictCaller = true
            }else{
                strictCaller = false
            }

            evalRealm = 环境记录
            Return PerformEval(evalText, evalRealm, strictCaller, true)
        }
    }
    5. if(Type(ref) === Reference){
        if(IsPropertyReference(ref) === true){
            if(IsPropertyReference(ref)){
                // 本身已有 thisValue，例如箭头函数
                thisValue = ref 的 thisValue
            }else{
                thisValue = GetBase(ref)
            }
        }else if(ref === an Environment Record){
            refEnv = GetBase(ref)
            // WithBaseObject 方法：如果环境记录 refEnv 与 with 语句关联，返回with对象，
否则，返回 undefined
            thisValue = refEnv.WithBaseObject()
        }
    }
    6. else(Type(ref) !== Reference,){
        thisValue = undefined
    }
    7. thisCall = CallExpression
    8. tailCall = IsInTailPosition(thisCall)
    9. Return EvaluateDirectCall(func, thisValue, Arguments, tailCall)
```

EvaluateDirectCall 函数内部会尝试调用内部方法 [[Call]]，即调用函数实际上就是调用 Object 的内部方法 [[Call]]，其中的 thisValue 即 this，Arguments 为参数。

说到底，我们关心的是 this，而不是函数如何执行，将上面的过程简化，剥离出与 this 有关

的部分：

```
1. ref = MemberExpression 的执行结果
5. if(Type(ref) === Reference){
    if(IsPropertyReference(ref) === true){
        if(IsPropertyReference(ref)){
            // 本身已有 thisValue，例如箭头函数
            thisValue = ref 的 thisValue
        }else{
            // GetBase 函数返回 reference 的 base
            thisValue = GetBase(ref)
        }
    }else if(ref === an Environment Record){
        refEnv = GetBase(ref)
        // WithBaseObject 方法：如果环境记录 refEnv 与 with 语句关联，返回with对象，
否则，返回 undefined
        thisValue = refEnv.WithBaseObject()
    }
}
6. else(Type(ref) !== Reference,){
    thisValue = undefined
}
```

综上，得出如下结论。

① this 值取决于 MemberExpression 的返回值 ref。

② 如果 ref 类型为 Reference，且 ref 的 base 为 Object，若 ref 已有 this 值，则 this 值为 ref 的 this 值，否则 this 值为 GetBase(ref)。

③ 如果 ref 类型为 Reference，且 ref 的 base 为 Boolean、String、Number 之一（简称 Environment Record），则 this 值为 GetBase(ref).WithBaseObject()。

④ 如果 ref 类型不是 Reference，则 this 值为 undefined（非严格模式下，this 的值为 undefined 时，会被转换为全局对象）。

有了这些结论，我们得到之前那几行代码的返回结果：

```
foo.bar();
(foo.bar)();
(foo.bar = foo.bar)();
(true && foo.bar)();
(foo.bar, foo.bar)();
```

在前文中，我们已经值得 foo.bar 返回值是 Reference 类型：

```
{
    base: foo,
    name: 'bar',
    strict: true
}
```

而其 reference 的 base 为 Object，根据步骤②，因为 bar 不是一个箭头函数，因此，其 this 值即为 foo，根据作用域的查找机制，foo.bar() 的返回值就是 2 了。

现在，我们确定 this 值不再靠感觉了，那么，其他几个例子的 this 值也就很容易可以确定了。

对于 (foo.bar)()，其 MemberExpression 为 (foo.bar)，其表达式为 (Expression)，ES6 规范当中对该表达式的返回值进行了描述：Return the result of evaluating Expression. This may be of type

Reference。

也就是说，表达式 (Expression) 返回值取决于括号内 Expression 的运算结果，其结果可能是一个 Reference 类型的数据，那么 (foo.bar) 返回的是 foo.bar，(foo.bar)() 的返回值自然就是 2 了。

同理，(foo.bar = foo.bar)、(true && foo.bar)、(foo.bar, foo.bar) 即 foo.bar = foo.bar、true && foo.bar、foo.bar, foo.bar。

而赋值运算符、逻辑运算符、逗号运算符的返回值均为：Return GetValue(rref)

GetValue(V) 方法返回的是一个真实值，不是 Reference 类型， this 值为 undefined，非严格模式下会被转换为全局对象。在浏览器中，全局对象即 window，但 const 声明的变量不会成为 window 的属性，因此，后面 3 个例子的返回值为 undefined。

1. bind

在箭头函数之前，可以使用 bind 来创建一个指定了 this 值的新函数，示例如下。

```
// 注意，bind 返回的是一个函数
getTitle.bind(foo)();  // > JavaScript

foo.getTitle.bind(window)(); // > undefined
```

2. apply 与 call

与 bind 创建一个函数的副本不同，apply 与 call 直接修改函数执行时的上下文，并执行该函数，示例如下。

```
getTitle.apply(foo);  // > JavaScript
getTitle.call(foo);   // > JavaScript
```

apply 与 call 方法的作用相同，都是用来修改函数执行时的上下文的，只在传递函数的参数时有区别，示例如下。

```
function sum(a, b){
    console.log(a+b)
}

sum.apply(window, [1, 2]);  // > 3
sum.call(window, 1, 2);     // > 3
```

apply 在传递参数时，接收的是参数组成的数组，call 则依次传递每个参数，接收参数列表。另外，这两个方法都支持 arguments。

在上面的示例中，传递给 apply 和 call 的 this 值是 window，如果指定的值为 null/undefined，this 值会自动指向全局对象 window，示例如下。

```
function foo(){
    console.log(this);
}

foo.call(null);       // > window
foo.call(undefined); // > window
```

但在严格模式下，null 和 undefined 分别指向 null 和 undefined，示例如下。

```
"use strict"
```

```
function foo(a, b){
    console.log(this);
}

foo.call(null); // null
foo.call(undefined); // undefined
```

练习

- 使用多种方式定义一个函数。

4.2 函数的属性和方法

4.2.1 length 属性

length 返回函数定义的参数个数，示例如下。

```
function foo(a,b){

}

foo.length;  // -> 2
```

4.2.2 name

name 属性返回函数的函数名，示例如下。

```
function foo(a,b){

}

foo.name;  // -> "foo"
```

4.3 参数

函数可以使用参数来传递数据，也可以不使用参数。调用函数时，传递给函数的值被称为“函数的实参”（入参），对应位置的函数参数名为“形参”。

例如：

```
function foo(a, b){
    console.log(a);
    console.log(b);
}

foo(1, 2);
```

```
// > 1
// > 2
```

在上面的示例中，a 和 b 为形参，1 和 2 为实参。

形参与实参的位置是一一对应的，如果实参的个数小于形参的个数，剩余的形参默认值为 undefined，示例如下。

```
foo(1);

// > 1
// > undefined
```

4.3.1 按值传递

参数是按值传递的，如果参数是一个包含原始值（数字、字符串、布尔值）的变量，则就算函数在内部改变了参数的值，该参数在函数外的值也不会改变，示例如下。

```
let a = 1;

function foo(value){
    value = 0;
}

foo(a);

// 变量 a 的值不变
console.log(a); // > 1
```

上述代码中，我们在函数内部改变了传入的 a 的值，但函数执行完毕后，变量 a 的值没有发生任何变化，这表示传入函数内部的仅仅是变量 a 的值，而不是变量 a。

如果参数是一个引用类型的数据，则形参和实参指向同一个对象，假如在函数内部改变了形参的值，实参指向的对象的值也会改变，示例如下。

```
let obj = {name: '1'};

function foo(obj){
    obj.name = '0';
}

foo(obj); // 在函数内部改变形参的值

// 变量 obj 的值也被修改，这表示形参与实参存储的地址相同，指向同一个对象
console.log(obj); // > {name: "0"}
```

但如果改变的是形参的地址，则实参与形参地址不同，不再指向同一个对象，示例如下。

```
let obj = {name: '1'};

function foo(obj){
    obj = {};
    obj.name = '0';
    console.log(obj);
}
```

```
foo(obj); // -> {name: "0"}

// 变量 obj 的值不变
console.log(obj); // > {name: "1"}
```

上述代码中，在函数内部，我们直接为参数 obj 赋值了一个新的地址，然后为函数内部的变量 obj 添加值为 "0" 的 name 属性，在执行函数 foo 时，打印出参数 obj 的值 {name: "0"}，然后打印变量 obj 的值，两者的值不一致。这也就是说，在修改了形参的地址后，实参中所存储的地址并没有发生变化，从而证明了引用类型的数据时传递的是地址值，而不是引用值，否则在修改形参的地址后，实参的地址也会发生改变。

4.3.2 arguments

我们可以在定义函数时为函数指定参数，示例如下。

```
function foo(a,b){
    console.log(a+b);
}

foo(1,1);  // > 2
```

但有时，我们无法确定需要传递的参数的个数，这时就需要有一种方式获取所有参数，JavaScript 提供了一个类数组的对象 arguments ，以获取传递给函数的参数。

```
function foo(){
    console.log(`参数的个数: ${arguments.length}`);
    console.log(arguments[0],arguments[1]);
}

foo(1, 2, 3);

// > 参数的个数: 3
// > 1 2
```

看起来 arguments 对象是一个数组，它拥有 length 属性，而且可以通过下标来访问，但实际上，arguments 对象除了这两个特性外，并没有数组的实例方法，如果在其上调用数组的实例方法，程序将会出错，示例如下。

```
function foo(){
    console.log( Array.isArray(arguments) );
    arguments.join(' ');
}

foo();
// > false
// -> Uncaught TypeError: arguments.join is not a function
```

arguments 可以被转化为一个真正的数组，示例如下。

```
// 两种方式
Array.prototype.slice.call(arguments);
Array.from(arguments);
```

4.3.3　Rest 参数（剩余参数）

除了 Array.from，Rest 参数也可以将参数转化为数组，示例如下。

```
function foo(...args){
    console.log(args);
    console.log( Array.isArray(args) );
}
foo(1,2);

// > [1, 2]
// > true
```

Rest 参数可以不必包含所有的实参，相比 arguments，其更加自由，示例如下。

```
function foo(a, ...args){
    console.log(args);
}
foo(1,2,3);

// > [2, 3]
```

注意：Rest 参数之后不能有其他参数。

Rest 参数是一个数组，这意味着它也可以被解构，示例如下。

```
function foo(a, ...[b, c]){
    console.log(b, c);
}

foo(1,2,3);

// > 2 3
```

4.3.4　箭头函数中的 arguments 对象

箭头函数中是不能使用 arguments 的，在箭头函数中，arguments 将会被当作一个普通的变量，示例如下。

```
let foo = ()=> console.log(arguments);

foo(1); // -> Uncaught ReferenceError: arguments is not defined
如果需要使用类似 arguments 的功能，可以使用 Rest 参数来代替：

let foo = (...args)=> console.log(args);

foo(1); // > [1]
```

4.3.5　默认参数

ES6 中加入了默认参数，以便于在定义函数时为参数指定默认值。在此之前，我们通常像下面这样为函数参数指定默认值。

```
function foo(a, b){
```

```
    a = typeof a !== 'undefined' ? a : 1;
    b = typeof b !== 'undefined' ? b : 2;

    console.log(a, b);
}
```

得益于默认参数，上述代码可以简化如下。

```
function foo(a = 1, b = 2){
    console.log(a, b);
}
```

在上文中，我们已经指定形参的默认值为 undefined，而默认参数生效的条件就是值为 undefined 时才生效，示例如下。

```
// 不传参数，均为 undefined
foo();  // > 1 2

// a 有值且不等于 undefined，b 为 undefined
foo(3); // > 3 2

// a 为 undefined，b 有值且不等于 undefined
foo(undefined, 3); // > 1 3

// a b 均有值且不等于 undefined
foo(undefined, 3); // > 1 3
```

练习

- 使用 function 定义一个函数，接收多个数字作为参数，返回第一个参数与其他参数的和的积。
- 为该函数指定默认参数值。
- 将该函数修改为箭头函数。

4.4 递归

递归函数是指调用自身的函数，在前文的深拷贝函数中我们就用到了递归函数，让我们来回忆一下，示例如下。

```
// 深拷贝实现
function deepCopy(target){
    if (target === null || typeof target === "symbol" || typeof target !==
"object" ) {
        return target;
    }else {
        if (target instanceof Number ||
            target instanceof String ||
            target instanceof Boolean ||
            target instanceof Date || ) {
            // 通过 new 运算符创建出来的对象，其 typeof 也会返回 "object"
            return new target.constructor(target.valueOf());
        } else {
            let isArray = Array.isArray(target);
```

```
                let result  = isArray ? [] : {};

                if(isArray){
                    for (let i = 0, len = target.length; i< len; i++) {
                        result[i] = typeof target[i] === 'object' ?
deepCopy(target[i]) : target[i];
                    }
                    // result = result.concat(target);
                }else{
                    for (let property in target) {
                        if ( Object.prototype.hasOwnProperty.call(target,
property)) {
                            result[property] =  typeof target[property] ===
'object'? deepCopy(target[property]) : target[property];
                        }
                    }
                }
                return result;
            }
        }
    }
```

上例中的函数 deepCopy 就是递归函数。

递归函数必须有可以终止递归调用的语句，否则会导致内存溢出，以一个计算阶乘的函数为例，如果没有终止递归的条件，这个函数将无休止地运行下去，会导致内存溢出，而“聪明”的浏览器则会抛出栈溢出的错误，示例如下。

```
let factorial = function foo(num){
    return num * foo(num-1);
}

factorial(5); // -> Uncaught RangeError: Maximum call stack size exceeded
```

为以上函数添加终止递归的条件，示例如下。

```
let factorial = function foo(num){
    return num === 1 ? 1 : num * foo(num-1);
}

factorial(5);  // -> 120
```

我们也可以通过 arguments.callee 调用函数自身，但 arguments.callee 性能不佳，因此，在严格模式下 arguments.callee 是无法使用的，示例如下。

```
// 不推荐的方式
let factorial = function(num){
    return num === 1 ? 1 : num * arguments.callee(num-1);
}
```

在讲尾递归之前，先了解一下函数调用堆栈的问题，这里需要引入一个概念——栈帧。

有如下一段代码：

```
function B(){};

function A(){
    return B();
};
```

```
A();
```

函数调用时会创建一个帧，帧中包含的参数和局部变量等信息形成一个栈帧。当运行的程序从当前函数 A 调用另外一个函数 B 时，就会为函数 B 建立一个新的栈帧，这个栈帧会被压入函数 A 的栈帧。当函数 B 返回时，其栈帧会从函数 A 的栈帧中弹出，此时进入函数 A 的栈帧，如果函数 A 也返回，那么栈就空了。

再来谈递归，递归的性能并不好，因为在递归终止前，JavaScript 引擎会为每一次递归分配一块内存以存储栈帧，随着递归的深入，这个栈帧也越来越庞大，也就导致递归占用的内存越来越多，当传入 factorial 的数值增加到一定程度时，例如 10 000（不同浏览器的内存限制不同），浏览器就会因为耗尽内存而抛出栈溢出的错误。

尾调用是指在函数执行的最后一步调用另外一个函数并返回，因为函数返回后，其栈帧也会被弹出，因此其占用的内存也得以释放，示例如下。

```
function foo(){
    return bar()
}
```

而在递归中进行尾调用就称为“尾递归”，尾递归会在执行时被优化成循环形式执行，这种方式被称为 TCO（Tail Call Optimisation，尾调用优化），示例如下。

```
let factorial = function foo(num, total = 1){
    if(num === 1){
        return total;
    }

    return foo(num-1, num*total);
}

factorial(10000); // -> Uncaught RangeError: Maximum call stack size
exceeded
```

遗憾的是，大多数 JavaScript 引擎（V8 引擎曾短暂支持过 TCO，但于 2017 年 7 月从 TurboFan 的源码中移除了支持 TCO 的代码，Safari 已经支持）并没有实现尾递归的优化，所以上述代码依旧会抛出栈溢出的错误。

练习

- 使用递归。

4.5 闭包

在讲闭包之前，先了解一下什么是自由变量。

自由变量是指在函数中使用的，但既不是函数参数也不是函数的局部变量的变量。

示例代码：

```
let a = 1;

function foo() {
  console.log(a);
```

```
}

foo();
```

上述代码中，对于函数 foo 来说，a 既不是函数参数也不是函数的局部变量的变量，因此 a 属于自由变量。

4.5.1　什么是闭包

在 ECMAScript 中，闭包（Closure）是指能够访问自由变量的函数。

按照以上的概念，我们可以说所有的函数都是闭包，因为它们都在创建的时候就保存了上层上下文的作用域链，观察如下代码。

```
let a = 1;

function foo() {
  console.log(a);
}

foo(); // > 1

(function () {

  let a = 2;
  foo(); // > 1

})();
```

ECMAScript 使用的是词法作用域（Lexical scoping，又称“静态作用域”），即在函数创建时，就保存上层上下文的作用域链。上述代码中，在 foo 函数创建时，其所使用的变量 a 是已经在上下文中静态保存好的，因此，在执行 foo() 时 a 的值为 1。

而任何函数，在其创建时保存的上层上下文的作用域中都有全局的自由变量 global（在浏览器中，global 为 window），因此说，所有函数都是闭包。

4.5.2　实践中的闭包

上面说的是理论上的闭包，但在实践中，闭包不仅只是能够访问自由变量的函数，闭包还是指引用了自由变量的，并且被引用的自由变量将和这个函数一同存在的函数，在创建该函数的上下文已经销毁时，该函数仍然存在。

示例代码：

```
function foo(){
    let a = 1;

    return function(){
        console.log(a)
    }
}
foo()
```

上述代码中，foo 函数执行后返回了一个匿名函数，该函数引用了自由变量 a，而在 foo() 执行完毕后，创建该函数的环境已经销毁，但该函数并没有被销毁，因此 foo() 的返回值就是一个闭包。

闭包会使引用的自由变量不能被清除，这就使闭包比其他函数占用的内存更多，但这也是闭包的强大之处，以下是一个使用闭包的示例。

```
let foo = function() {

  let a = 1;

  return {
    add:function(){
        return ++a;
    },
    sub:function(){
        return --a;
    }
  }
}

let f = foo();
f.add(); // 2
f.sub(); // 1
```

再来看一个面试中经常遇到的题目。

```
let data = [];

for (let i = 0; i < 3; i++) {
  data[i] = function () {
    console.log(i);
  };
}

data[0](); // 3
data[1](); // 3
data[2](); // 3
```

这 3 个函数创建时均使用的是已经在上下文中静态保存好的变量 i，而在 for 循环结束时，变量 i 的值为 3，当 data0 执行时，其所引用的自由变量 i 的值为 3，因此输出 3。

我们的目标是输出 0、1、2，上面的示例显然无法实现这个需求，利用闭包可以很轻松地解决这个问题，示例如下。

```
let data = [];

for (let i = 0; i < 3; i++) {
  data[i] = (function(x) {
    return function () {
      alert(i);
    };
  })(i); // 传入"i"值
}

data[0](); // 0
data[1](); // 1
data[2](); // 2
```

练习

- 尝试使用闭包。

4.6　IIFE

立即调用函数表达式（Immediately Invoked Function Expression）简称 IIFE，是一个定义后就立即执行的函数。

常用写法如下。

```
(function(){
    // code
})()
```

IIFE 有多种写法，其核心在于 JavaScript 会把行首的关键字 function 解释成函数声明语句，因此，IIFE 不能以 function 关键字开头，以下写法也是正确的。

```
(function(){ /* code */ })()
(function(){ /* code */ }())

let i = function(){ /* code */ }();
true && function(){ /* code */ }();
true, function(){ /* code */ }();

!function(){ /* code */ }(); // true
~function(){ /* code */ }(); // -1
-function(){ /* code */ }(); // NaN
+function(){ /* code */ }(); // NaN

new function(){ /* code */ }(); // Object {}
void function(){ /* code */ }(); // Object {}
```

IIFE 可以帮助我们构造私有变量，避免全局空间污染。

示例代码：

```
 ```js let module = (function () { let _count = 0;

let get = function(){
    return _count;
};
let set = function(value){
    _count = value;
};
}());
console.log(_count); // > Uncaught ReferenceError _count is not defined
// console.log(get); // > Uncaught ReferenceError get is not defined
// console.log(set); // > Uncaught ReferenceError get is not defined ```
```

任何在函数中声明的变量，都可以认为是私有变量，因为不能在函数外部访问这些变量，上述代码定义了一个匿名函数并将其立即执行，在函数内部定义了 3 个变量，在函数外部尝试访问这三个变量时，均报错 ReferenceError，说明它们在函数外部是无法被访问的，利用这一点，可以尽可能避免全局变量造成的污染。
```

利用 IIFE 还可以构造私有成员，依此实现基本的模块化，对以上代码进行改造，将其内部的两个方法暴露出去，代码如下。

```
let module = (function () {
    let _count = 0;

    let get = function(){
        return _count;
    };
    let set = function(value){
        _count = value;
    };
    return {
        get: get,
        set: set
    };
}());

module._count;  // undefined
module.get();   // 0
module.set(2);  // 0
module.get();   // 2
```

尽管不能直接访问函数内部的变量，但通过函数执行后暴露出来的方法，可以在函数外部对函数内部的私有变量进行操作，这个私有变量被称为“静态私有变量”或“私有成员”，这也是 JavaScript 模块的基本写法。

此外，利用 IIFE 还可以减少作用域的查找，示例如下。

```
let module = (function (window, document, undefined) {
    console.log(window)
    console.log(document)
    console.log(undefined)
}(window, document));
```

将全局变量作为参数传入立即执行函数内部，在函数内部查找这些变量时，在函数内部的局部作用域即可找到，不必逐层上溯，追溯到全局作用域。

练习

- 尝试使用 IIFE。

4.7 高阶函数

高阶函数（Higher-order function）是指以函数作为参数的函数，并且可以将函数作为结果返回的函数。

4.7.1 回调函数

工作中最常见的就是回调函数了，例如事件处理程序中的监听函数，示例如下。

```
function on(elem, type, handler) {
    elem.addEventListener(type, handler, false);
}

on(document, 'click', function(){
    console.log(this);
})
```

上面代码中的 on 和 addEventListener 就属于高阶函数，其接收一个函数 handler 作为其入参。

此外，还有 map、filter、sort 等函数都属于高阶函数。

4.7.2　偏函数

当一个函数有很多参数时，调用该函数就需要提供多个参数，如果可以减少参数的个数，就能简化该函数的调用，降低调用该函数的难度。

例如，我们有一个计算 3 个数值之和的函数，示例如下。

```
function sum(a, b, c){
    return a + b + c;
}
```

在调用该函数时，就需要传入 3 个参数，示例如下。

```
sum(1, 2, 3); // -> 6
```

高阶函数除了可以接收函数作为参数外，还可以将函数作为结果返回，偏函数就是固定了函数的一个或多个参数，返回一个新的函数接收剩下的参数，以此来简化函数的调用，示例如下。

```
function partial(sum, c){
    return function(a, b){
        return sum(a, b, c);
    }
}

let partialSum = partial(sum, 3);

partialSum(1, 2); // -> 6
```

4.7.3　柯里化

与偏函数不同，柯里化是把接收多个参数的函数转换成多个只接收一个参数的函数。

还是以上面的计算 3 个数值之和的函数为例，具体如下。

```
function sum(a, b, c){
    return a + b + c;
}
```

柯里化之后的代码如下。

```
function currying(sum){
    return function(a){
        return function(b){
            return function(c){
                return a + b +c;
```

```
                }
            }
        }
    }

    let currySum = currying(sum);

    currySum(1)(2)(3); // -> 6
```

4.7.4 纯函数

纯函数是指不依赖于上下文环境，不改变其作用域之外的上下文环境的函数，并且纯函数的返回值由入参决定，对于相同的参数，纯函数总是返回相同的结果。

纯函数的执行不依赖外部环境，且不改变外部环境，这对于减少由于程序中的状态变化而导致的副作用是非常有效的。

像上文中的 sum 函数就是一个纯函数，下面来看一些非纯函数，具体如下。

```
// 非纯函数，依赖系统时间，结果没有使用入参计算
function now(){
    return Date.now();
}

// 非纯函数，this 指向 window，依赖外部变量，结果没有使用入参计算
function g(){
    return this;
}

// 非纯函数，依赖外部变量，结果没有使用入参计算
function random(){
    return Math.random();
}
```

练习

- 使用搜索引擎了解函数式编程。

第 5 章

数组

本章内容

数组是一种特殊的对象，是有序的元素排列组成的集合。数组的下标从 0 开始，通过数组的下标可以访问对应位置的数组元素，除了继承了对象的 toString()、valueOf() 等方法，数组还拥有自己的属性和方法。本章将介绍数组相关的内容，包括数组的定义及使用，希望阅读本章后，你能够熟练地使用数组。

5.1 定义

定义一个数组很简单，可以通过构造函数或数组字面量创建一个数组，示例如下。

```
// 构造函数
let arr = new Array(1, 2, 3);

// 数组字面量
let arr2 = [1, 2, 3];
```

通过索引来访问数组元素，数组的下标是从 0 开始的： js arr[0]; // -> 1 ，如果索引位置的元素不存在，则返回 undefined： js arr[3]; // -> undefined。

也可以用索引来对数组元素进行赋值操作，示例如下。

```
 ```js arr[0] = "foo"; // -> "foo"
console.log(arr); // > ["foo", 2, 3] ```
```

5.2 多维数组

实际上，在 JavaScript 中是没有多维数组的，因为无法直接定义一个多维数组，但 JavaScript 中的数组元素可以是任意数据类型，利用这个特性，可以将一个数组中的某个元素也设置为数组，那么，这个数组也就拥有了多维数组的行为，示例如下。

```
let arr = new Array(1, [2, 3]);
let arr2 = [1, [2, 3]];

console.log(arr[1][0]);   // > 2
console.log(arr2[1][0]);  // > 2
```

练习

- 创建一个空数组。
- 创建一个含有多个元素的数组。

5.3 length 属性

length 属性数组实例的长度，示例如下。

```
[].length;       // -> 1
[1,2,3].length; // -> 3
```

5.4 方法

Array 提供了一些方法供我们直接使用，利用这些方法能够有效地简化代码。
```

## 5.4.1　Array.isArray()

在前文的浅拷贝与深拷贝中，我们就用到了 Array.isArray()，示例如下。

```
...
let isArray = Array.isArray(target);
...
```

Array.isArray() 用来检测一个对象是否是数组，如果是数组，则返回 true，否则返回 false。

语法：

```
Array.isArray(obj);
```

示例代码：

```
js Array.isArray([]); // -> true Array.isArray(new Array()); // -> true
Array.isArray({}); // -> false Array.isArray(""); // -> false
```

5.4.2　Array.of()

Array.of() 方法将一组值转换为数组并返回。

语法：

```
js Array.of(values[, values1, ...])
```

示例代码：

```
js Array.of(1); // -> [1] Array.of("hello","world"); // -> ["hello",
"world"]
```

5.4.3　Array.from()

与 Array.of() 不同，Array.from() 是将一个可迭代对象（包括 Array、Map、Set、String、arguments、NodeList 对象等）转化为一个数组后返回。

语法：

```
js Array.from(iterable)
```

示例代码：

```
```js // Map let map = new Map(); map.set("first", "hello"); map.set("last",
"world");

Array.from(map); // -> [["first", "hello"], ["last", "world"]]
// Set let set = new Set(); set.add(1); set.add({first:"hello",last:"wor
ld"});

Array.from(set); // -> [1, {first: "hello", last: "world"}]

// arguments 对象 function foo() { let args = Array.from(arguments); console.
log(args) }

foo("hello"); // > ["hello"]
```
```

```
// NodeList let nodeList = document.querySelectorAll('p');

Array.from(nodeList); // -> [p,...,p] ```
```

也可以使用扩展运算符（三个点…）完成以上操作，示例如下。

```
[...map]; // -> [["first", "hello"], ["last", "world"]]
[...set]; // -> [1, {first: "hello", last: "world"}]
[...arguments]; // > ["hello"]
[...document.querySelectorAll('p')]; // -> ["hello"]
1. Set/Map
```

在上面的例子中，我们见到了两个新的数据结构——set 和 map。set 和 map 是 ES6 中新增的两种数据结构，与 Array.from() 相似，接收一个可迭代对象作为参数（这个参数是可选参数），返回一个 set/map 的实例。

语法：

```
new Set([iterable]);
new Map([iterable]);
Set
```

set 类似数组，但其中元素的值是唯一的，向其中添加重复的值时会被忽略，示例如下。

```
let set = new Set();

// 添加一个值
set.add(1);
set.add(2);
set.add(3);

// 添加重复的值
set.add(1);

set; // -> Set(3) {1, 2, 3}
```

利用 set 的这个特性，可以很轻松地进行数组去重，示例如下。

```
// new Set() 返回的是 Set 实例，并不是一个数组，利用 Array.from() 将其转化为一个数组
Array.from(new Set([1, 2, 3, 1])); // -> [1, 2, 3]
```

对于数组，我们可以通过 length 属性获取数组的长度，对于 set，可以通过 size 属性获取其中元素的数量，示例如下。

```
set.size; // -> 3
```

除了 add() 方法，set 实例还拥有其他几个操作方法。

- has(value)，返回一个布尔值，表示实例中是否包含指定值。
- delete(value)，删除指定值，返回布尔值表示删除成功。
- clear()，清空所有值。

示例如下。

```
// 判断
set.has(3); // -> true
set.has(4); // -> false
```

```
// 删除
set.delete(3); // -> true
console.log(set); // > Set(2) {1, 2}

// 删除不存在的值
set.delete(3); // -> false

// 清空所有值
set.clear();
console.log(set); // > Set(0) {}
```

map

set 类似于数组，而 map 则类似于对象，是键值对的集合，并且 map 的实例同样拥有下面的几个操作方法。

- set(key, value)，设置指定键 key 的值为 value。
- get(key)，获取指定键所对应的值。
- has(key)，返回一个布尔值，表示实例中是否包含指定键。
- delete(key)，删除指定键，返回布尔值表示删除成功。
- clear()，清空所有键值对。

示例如下。

```
let map = new Map();

// 设置
map.set('name', 'js');
map.set('age', 1);

map; // -> Map(2) {"name" => "js", "age" => 1}

// map 实例也拥有 size 属性，表示其中成员的数量
map.size; // -> 2

// 获取
map.get('name'); // -> "js"

// 判断
map.has('name'); // -> true

// 删除
map.delete('name'); // -> true
console.log(map); // > Map(1) {"age" => 1}

// 清空所有值
map.clear();
console.log(map); // > Map(0) {}
```

set/map 的遍历

set/map 的实例均有以下方法，用以遍历元素 / 成员。

- keys()，返回键名的遍历器。

- values()，返回键值的遍历器。
- entries()，返回键值对的遍历器。
- forEach()，使用回调函数遍历元素 / 成员。

示例代码：

```
let set = new Set([3, 2, 1]);
let map = new Map([ ['name', 'js'], ['age', 1] ]);

// set 实例
set.keys();     // -> SetIterator {3, 2, 1}
set.values();   // -> SetIterator {3, 2, 1}
set.entries(); // -> SetIterator {3, 2, 1}
set.forEach(function(item){
    console.log(item);
});
// > 3
// > 2
// > 1

// map 实例
map.keys();     // -> MapIterator {"name", "age"}
map.values();   // -> MapIterator {"js", 1}
map.entries(); // -> MapIterator {"name" => "js", "age" => 1}
map.forEach(function(value, key){
    console.log(key, value);
});
// > name js
// > "age" 1
```

遍历器（Iterator）是一种机制，为 JavaScript 中的集合（数组、对象、Set、Map）提供一种统一的访问机制，以便于使用 for…of 进行遍历。可以使用 for…of 对遍历器进行遍历，具体用法可查看前文，这里不再赘述。

此外，遍历器也是可以不使用 for…of 进行遍历的，示例如下。

```
let arr = [1, 2, 3, 4, 5];
let keys = arr.keys();

keys.next().value; // -> 0
keys.next().value; // -> 1
keys.next().value; // -> 2
keys.next().value; // -> 3
keys.next().value; // -> 4

let values = arr.values();

values.next().value; // -> 1
values.next().value; // -> 2
values.next().value; // -> 3
values.next().value; // -> 4
values.next().value; // -> 5
```

WeakSet/WeakMap

顾名思义，WeakSet/WeakMap 是弱的 set/map，其中：

- WeakSet 对象中的元素只能是对象，不能存放其他值，而 set 对象可以。
- WeakSet 对象中的对象值都是弱引用，如果没有其他的变量或属性引用这个对象值，则这个对象值会被当成垃圾回收，无论这个值是否还在 WeakSet 中。
- WeakMap 的键名 key，只能是 Object 类型（除了 null）。
- WeakMap 的键名 key 中所存储的对象都是弱引用，如果没有其他的 key 引用这个对象值，则这个 key 中对象会被当成垃圾回收，无论这个值是否还在 key 中。
- WeakSet/WeakMap 的实例没有 clear() 方法、size 属性。

练习

- 使用 Array 提供的方法。

5.5 实例方法

同字符串类似，JavaScript 也提供了一些方法用来对数组进行操作。但需要注意的是，与字符串的实例方法不会修改字符串本身不同，数组的某些方法会修改数组本身。

5.5.1 concat()

concat() 方法用于连接两个数组，并返回一个新的数组，示例如下。

```
let arr1 = ['a', 'b', 'c'];
let arr2 = [1, 2, 3];

arr1.concat(arr2);    // -> ["a", "b", "c", 1, 2, 3]
```

也可以使用扩展运算符来连接数组，示例如下。

```
[...arr1, ...arr2];  // -> ["a", "b", "c", 1, 2, 3]
```

5.5.2 copyWithin()

此方法会修改数组本身，copyWithin() 方法从当前数组内部复制部分数组元素到指定位置。copyWithin() 方法会修改当前数组，但不会修改数组长度，返回修改后的数组。

语法：

```
js copyWithin(target, [start = 0], [end = this.length]);
```

- target （必须），从该索引处开始替换数组元素。
- start （可选），从该索引处开始复制数组元素，默认为 0。
- end （可选），从该索引（不包含该索引）处结束复制数组元素，默认为数组长度。

示例代码：

```
    ```js ["a", "b", "c", "d", "e"].copyWithin(0, 2, 3); // -> ["c", "b", "c", "d", "e"]

    // 对于 end 值大于数组最大索引的，end 值会被设置为数组的长度 ["a", "b", "c", "d", "e"].copyWithin(0, 2, 3); // -> ["c", "d", "e", "d", "e"] ```
```

5.5.3 keys()、values() 和 entries()

这三个方法是不是看起来很熟悉，没错，和 Set/Map 结构一样，数组的实例也拥有这三个操作方法：

- keys()：返回键名的遍历器。
- values()：返回键值的遍历器。
- entries()：返回键值对的遍历器。

它们返回的遍历器可以使用 for…of 进行遍历，示例如下：

```
let arr = [ "hello", "world"];

arr.keys();      // -> Array Iterator {}
arr.values();    // -> Array Iterator {}
arr.entries();   // -> Array Iterator {}

// 使用 for...of 进行遍历
for (let index of arr.keys()) {
  console.log(index);
}
// > 0
// > 1

for (let item of arr.values()) {
  console.log(item);
}
// > "hello"
// > "world"

for (let [index, item] of arr.entries()) {
  console.log(index, item);
}
// > 0 "hello"
// > 1 "world"
```

5.5.4 forEach() 和 map()

forEach() 方法对数组中的元素依次调用传入的回调函数，该回调函数不需要返回值；map() 方法创建一个新数组，对数组中的元素依次调用传入的回调函数，并将该回调函数的返回值推入新数组，最后返回新数组，示例如下。

```
// forEach()
let arr = [1, 2, 3, 4, 5];
```
```

```
arr.forEach(function(item,index){
  item = 9
    console.log(index, item);
})
// > 0 1
// > 1 2
// > 2 3
// > 3 4
// > 4 5

console.log(arr); // > [1, 2, 3, 4, 5]

// map()
let arr2 = arr.map(function(item,index){
    return item**2
})
console.log(arr);  // > [1, 2, 3, 4, 5]
console.log(arr2); // > [1, 4, 9, 16, 25]
```

5.5.5　every() 和 some()

every() 方法检测数组中的所有元素是否符合指定条件，如果全部符合，则返回 true，否则，返回 false。some() 方法检测数组中的部分元素是否符合指定条件，只要有一个符合，就返回 true，否则，返回 false，示例如下。

```
// every()，全部大于 0，因此返回 true
[1, 2, 3, 4, 5].every(function(item){
    return item > 0;
})
// -> true

// 并非全部大于 1，因此返回 false
[1, 2, 3, 4, 5].every(function(item){
    return item > 1;
})
// -> false

// some()，只有一个大于 1，就返回 true
[1, 2, 3, 4, 5].some(function(item){
    return item > 1;
})
// -> true

// 没有一个小于 0，因此返回 false
[1, 2, 3, 4, 5].some(function(item){
    return item < 0;
})
// -> false
```

5.5.6　filter()

filter() 方法用来检测数组中的所有元素是否都符合指定条件，并将数组中符合指定条件的数组元素抽取出来，组合成一个新的数组并返回。

示例代码：

```
[1, 2, 3, 4, 5].filter(function(item){
    return item > 1;
})
// -> [2, 3, 4, 5]
```

如果数组中，没有一个元素符合指定条件，则返回一个空数组，示例如下。

```
[1, 2, 3, 4, 5].filter(function(item){
    return item < 0;
})
// -> []
```

5.5.7 fill()

此方法会修改数组本身，fill() 方法用给定值填充一个数组（依次替换数组中的元素），返回修改后的数组。

语法：

```
js fill([value = undefined], [start = 0], [end = this.length]);
```

- value：填充数组的值。
- start（可选）：从该索引处开始填充数组元素，默认为 0。
- end（可选）：从该索引（不包含该索引）处结束填充数组元素，默认为数组长度。

示例代码：

```
js ["a", "b", "c", "d", "e"].fill(0); // -> [0, 0, 0, 0, 0] ["a", "b", "c",
"d", "e"].fill(0, 2, 3); // -> ["a", "b", 0, "d", "e"]
```

5.5.8 find() 和 findIndex()

find() 从数组中找出第一个符合指定条件的数组元素，并返回该数组元素，如果没有找到，则返回 undefined。findIndex() 与 find() 类似，不过返回值为符合指定条件的数组元素的索引，如果没有找到，则返回 -1。

示例代码：

```
```js [1, 2, 3, 4, 5].find(function(item){ return item > 2 });
// -> 3

[1, 2, 3, 4, 5].findIndex(function(item){ return item > 2 });
// -> 2 ```
```

5.5.9 includes()

includes() 方法用于判断数组是否包含给定的值，如果包含，则返回 true，否则，返回
```

false，示例如下。

```
[1, 2, 3, 4, 5].includes(1);  // -> true
[1, 2, 3, 4, 5].includes(0);  // -> false
```

5.5.10　indexOf() 和 lastIndexOf()

indexOf() 和 lastIndexOf() 的使用方式可参考字符串的 String.prototype.indexOf()。

5.5.11　join() 和 splice()

join() 方法将数组（或类数组对象）的所有元素用分隔符（默认为逗号）连接到一个字符串中，并返回该字符串；splice() 方法则是用一个分隔符将一个字符串拆分成一个数组，并返回该数组，可设置返回的数组长度，示例如下。

```
["hello", "world"].join();    // -> "hello,world"
["hello", "world"].join("");  // -> "helloworld"
["hello", "world"].join("-"); // -> "hello-world"

"hello,world".split(",");     // -> ["hello", "world"]
"hello,world".split("");      // -> ["h", "e", "l", "l", "o", ",", "w", "o",
"r", "l", "d"]
"hello,world".split("",3);    // -> ["h", "e", "l"]
```

join() 和 splice() 不会改变原有对象。

5.5.12　push()、pop()、unshift() 和 shift()

push()、pop()、unshift() 和 shift() 这四个方法会改变数组本身及其长度。

push() 方法向数组末尾中添加元素（一个或多个），并返回数组的长度；unshift() 方法向数组头部添加元素（一个或多个），并返回数组的长度；pop() 方法从数组末尾删除一个元素，并返回该元素的值，数组为空时，返回 undefined；shift() 方法从数组的头部删除一个元素，并返回该元素的值，数组为空时，返回 undefined，示例如下。

```
let arr = ["hello"];

arr.push("world");    // -> 2
console.log(arr);     // > ["hello", "world"]

arr.unshift("hi");    // -> 3
console.log(arr);     // > ["hi", "hello", "world"]

arr.pop();            // -> "world"
console.log(arr);     // > ["hi", "hello"]

arr.shift();          // -> "hi"
console.log(arr);     // > ["hello"]
```

5.5.13 reduce() 和 reduceRight()

reduce() 方法接收一个回调函数作为累加器，对数组中的每个元素（从左到右）应用该函数，函数的返回值作为下一次调用累加器时的参数，reduce() 的返回值为最后一次调用累加器后的返回值；reduceRight() 方法与 reduce() 方法的执行方向相反（从右到左），示例如下。

```
// previousValue 为上一次调用累加器的返回值，默认为数组中第一个元素的值
// item 当前数组元素
// index 为索引
function foo(previousValue,item,index){
    console.log(previousValue,item)
    return previousValue + item;
}
[1, 2, 3, 4, 5].reduce(foo);

> 1 2
> 3 3
> 6 4
> 10 5
> 15
```

可为 previousValue 设置初始值，示例如下。

```
```js [1, 2, 3, 4, 5].reduce(foo,100);
```

100 1 101 2 103 3 106 4 110 5 115 `reduceRight` 是从右到左调用的，示例如下。

```
js [1, 2, 3, 4, 5].reduceRight(foo);
5 4 9 3 12 2 14 1 15 ```
```

5.5.14 reverse()

reverse() 方法会修改数组本身，将原始数组中元素的位置颠倒，返回颠倒后的数组，示例如下。

```
[1, 2, 3, 4, 5].reverse();  // -> [5, 4, 3, 2, 1]
```

5.5.15 slice()

slice() 方法将从数组中浅拷贝指定开始位置和结束位置（不包括结束位置）之间的数组元素到一个新的数组，并返回新数组，示例如下。

```
['a', 'b', 'c', 'd', 'e'].slice(1, 3); // -> ["b", "c"]
```

5.5.16 sort()

sort() 方法会修改数组本身，对原始数组进行排序，返回排序后的数组，示例如下。

```
let arr = [1, 10, 20, 2];
arr.sort();   // -> [1, 10, 2, 20]
```

我们想要将上面的数组中的元素按照从小到大进行排列，显然输出结果并不是我们想要的，
```

这是因为 sort() 排序是按照 Unicode 码点进行排序的，并不按照数值的大小进行排序，不过我们可以传入一个排序函数来解决这个问题，示例如下。

```
// a, b 为相邻的两个数组元素
// foo 的返回值小于 0 时, a 排在 b 之前
// foo 的返回值等于 0 时, a 和 b 的相对位置保持不变
// foo 的返回值大于 0 时, a 排在 b 之后
function foo(a, b){
    return a - b;
}

let arr = [1, 10, 20, 2];
arr.sort(foo); // -> [1, 2, 10, 20]
```

5.5.17　toString()

toString() 等同于 join(","), 示例如下。

```
["hello", "world"].toString();     // -> "hello,world"
```

5.5.18　toLocaleString()

toLocaleString() 把数组转换为本地语言环境的字符串，示例如下。

```
let arr = [new Date()];

arr.toLocaleString();    // 不同地区返回的字符串不同
```

练习

- 创建一个数组，在其上调用不同的数组方法，并对比调用方法后返回值与数组的区别。

第 6 章

对象

本章内容

JavaScript 中的对象有很多，像前面接触过的数组、函数、构造函数（String、Number、Boolean ）等都是对象，但通常情况下，对象特指 Object 的实例。本章将介绍与对象相关的内容，包括对象的定义及使用方法，希望阅读本章后，你能够熟练地使用对象。

6.1　定义

与数组类似，可以通过对象的构造函数或对象字面量创建一个对象，示例如下。

```
// 构造函数
let obj1 = new Object({name:"xx"});

// 对象字面量
let obj2 = {name:"xx"};
```

使用 Object 构造函数创建对象时，如果给定的值是 null 或 undefined，将会创建并返回一个空对象，示例如下。

```
new Object(null);  // -> {}
new Object();  // -> {}
new Object(undefined);  // -> {}
```

如果给定的值不是 null 或 undefined，则返回的是与给定值的类型对应的构造函数的实例，示例如下。

```
new Object(1);  // -> Number {1}
new Object('');  // -> String {"", length: 0}
new Object(true);  // -> Boolean {true}
new Object({});  // -> {}
new Object([]);  // -> []
new Object(function(){}); // -> ƒ (){}
new Object(Symbol());  // -> Symbol {Symbol()}
```

6.1.1　定义对象的属性

在 JavaScript 中，对象可以有多个属性，可以把对象的每个属性看成一个挂载到该对象上的变量，通常情况下，我们通过点符号（.）来访问一个对象的属性，示例如下。

```
let obj = {};

// 设置一个不存在的属性时会添加该属性并赋值
obj.name = 'js';
obj.age  = 1;

// 读取
obj.name; // -> "js"
obj.age;  // -> 1

// 读取一个不存在的属性将返回 undefined
obj.sex; // -> undefined
```

除了上面的方式，还可以通过中括号（[]）来访问一个对象的属性，相比于点符号，中括号的功能更加强大。

例如，属性名是一个含有空格的字符串，此时就无法通过点符号去访问该属性，但利用中括号，很容易就可以做到，示例如下。

```
obj['first name'] = 'first';

let key = 'last name';
obj[key] = 'last';
```

另外值得一提的是，可以在中括号中进行计算（称为“计算属性名”），示例如下。

```
obj[1+1] = 10;

obj[2]; // -> 10
```

在 ES6 中，可以通过简写属性来进一步简化对象字面量的初始化。观察下面的示例。

```
let name = 'js';
let age  = 1;

let obj = {
    name,
    age
}

obj; // -> {name: "js", age: 1}
```

在上面的示例中，简写了 name 和 age 属性，而在 ES5 中，只能按照下面的形式编写。

```
var obj = {
    name: 'js',
    age: 1
}
```

6.1.2 定义对象的方法

我们知道，属性其实就是一个挂载到对象上的变量，如果属性的值是一个函数，那么这个函数就称为对象的方法，示例如下。

```
// ES5 中
var obj = {
    setName: function(){},
    getName: function(){}
}

// 在 ES6 中，对象的方法也可以简写
let obj = {
    setName(){},
    getName(){}
}
```

6.1.3 getter 和 setter

一个 getter 方法用来设置获取某个属性值时调用的方法；一个 setter 用来设置某个属性值时调用的方法，用来访问需要动态计算属性值的属性。

示例代码：

```
// 不能将 getter 绑定到属性上，所以不能定义一个 get num(){} 方法
let obj = {
    num: 0,
    get age(){
        return this.num++;
    },
```

```
        set age(value){
            this.num = value
        },
        get name(){}
    }

    obj.age; // -> 0
    obj.age; // -> 1
    obj.age; // -> 2

    obj.age = 0;
    obj.age; // -> 0
    obj.age; // -> 1
```

可以使用 delete 操作符删除 getter，示例如下。

```
delete obj.age;

obj.age; // -> undefined
```

此外，getter 和 setter 也支持为计算属性名绑定方法，示例如下。

```
let key = 'last name';

let obj = {
    get [1+1](){
        return 10;
    },
    get [key](){
        return 'last'
    }
}

obj[2]; // -> 10
obj[key]; // -> "last"
```

练习

- 创建一个对象，添加并删除其属性

6.2　属性

6.2.1　原型及原型链

prototype 属性用来读取或设置当前对象的原型对象，示例如下。

```
let Foo = function () {};

Foo.prototype = {
    constructor:Foo,
    a:1
}
```

```
let foo = new Foo();

foo;     // -> Foo {}
foo.a;   // -> 1
```

在上面的示例中，我们定义了一个构造函数 Foo，并将其原型 prototype 指向了一个自定义的对象。之后，使用这个构造函数实例化一个对象 foo，并尝试访问它的一个属性 a，尽管 foo 中不包含属性 a，但程序最终输出结果为 1。

这是因为所有对象（除了 null 和 undefined）都有原型，其原型属性 prototype 指向它的原型对象，由于原型对象本身也是一个对象，也有自己的原型，这样逐层上溯，直到 Object.prototype。最终，Object.prototype 的原型指向 null，以此形成一条原型链（prototype chain）。在原型链上访问属性或方法时，也是从对象本身开始查找的，如果没有找到，则查询其原型中是否包含该属性或方法，以此类推，直到查询到 Object 的原型。

因此，在 foo 中找不到 a 属性时，就会在其原型上查找，可以通过 Object.getPrototypeOf() 方法来获取其原型，示例如下。

```
Object.getPrototypeOf(foo); // -> {constructor: f, a: 1}
```

可以看到，在 foo 的原型中拥有 a 属性，因为访问 foo.a 时会返回 1。

现在，就来试着追溯原型链的顶端，示例如下。

```
// 逐层上溯
Object.getPrototypeOf( Object.getPrototypeOf(Foo.prototype) ); // -> null

// 也可以直接获取 Object.prototype
Object.getPrototypeOf( Object.prototype ); // -> null
```

因此，使用 instanceof 操作符判断对象的类型时就显得不那么精确了，毕竟 instanceof 是基于原型链的，示例如下。

```
[] instanceof Array;  // -> true
{} instanceof Object;  // -> true
```

6.2.2 更好的类型检测

我们知道，每个对象（除了 null 和 undefined）都有 toString() 方法，toString() 返回一个字符串，其中会将对象的类型作为返回值的一部分，其形式如下。

```
// type 为对象的类型
"[object type]"
```

示例代码：

```
({}).toString(); // -> "[object Object]"
```

那么，我们是不是可以直接使用 toString() 方法去判断对象的类型呢？示例如下。

```
[].toString();    // -> ""
(1).toString();   // -> "1"
```

很明显是不行的，这是因为 Array、Number 等都是 Object 的实例，其 toString() 方法都进行了重写，而根据原型链的访问机制，调用的将是重写后的 toString() 方法。因此，为了检测对象的类型，应该调用 Object 上的 toString() 方法，利用 apply 或 call 来修改 Object.prototype.toString

的上下文，最终代码如下。

```
function type(arg){
    return Object.prototype.toString.call(arg);
}

type(1); // -> "[object Number]"
type(''); // -> "[object String]"
type(true); // -> "[object Boolean]"
type(null); // -> "[object Null]"
type(undefined); // -> "[object Undefined]"
type({});  // -> "[object Object]"
type(Symbol()); // -> "[object Symbol]"

type([]); // -> "[object Array]"
type(function(){});  // -> "[object Function]"
```

6.2.3　构造函数

构造函数 constructor 是一种特殊的方法，用来在创建对象时进行一些初始化操作，例如上面的示例，我们为其添加一些属性。

```
let Foo = function (name, age) {
    this.name = name;
    this.age  = age;
};

let foo = new Foo('js', 1);

foo; // -> Foo {name: "js", age: 1}
```

ES6 中新增的 class 关键字声明的类，本质上也是一个构造函数，示例如下。

```
class Foo {
  constructor(name, age) {
    this.name = name;
    this.age = age;
  }
};

let foo = new Foo('js', 1);

foo; // -> Foo {name: "js", age: 1}
```

构造函数的首字母一般采用大写形式，用来区分其与普通函数。

练习

- 创建一个构造函数，并实例化。

6.3 方法

6.3.1 Object.getPrototypeOf() 和 Object.setPrototypeOf()

Object.getPrototypeOf() 方法返回指定对象的原型对象，Object.setPrototypeOf() 方法设置指定对象的原型对象。

语法：

```
js Object.getPrototypeOf(object); Object.setPrototypeOf(object, props);
```

示例代码：

```
```js let obj = {} Object.setPrototypeOf(obj, null);

Object.getPrototypeOf(obj); // => null ```
```

6.3.2 Object.create()

Object.create() 方法使用指定的原型对象及其属性去创建一个新的对象。

语法：

```
js Object.create(proto[, propertiesObject])
```

示例代码：

```
```js // 创建使用 null 原型的对象并添加两个可枚举的属性 let obj = Object.
create(null, { first: { value: "hello", enumerable: true }, last: { value:
"world", enumerable: true } });

Object.getPrototypeOf(obj); // -> null console.log(obj); // => {first:
"hello", last: "world"} ```
```

6.3.3 Object.assign()

Object.assign() 方法将所有可枚举属性的值，从给定的一个或多个源对象复制到目标对象，并返回目标对象。

源对象中的属性将覆盖目标对象中的同名属性，源对象有多个时，后面的源对象的属性将按此规则覆盖前面对象的属性。

语法：

```
js Object.assign(target, ...sources)
```

示例代码：

```
```js let target = {a:2};

Object.assign(target, {a:1, b:2}) console.log(target); // => {a:1, b:2} ```
```
```

继承属性和不可枚举属性是不能复制的，示例如下。

```
var obj = Object.create({foo: 1}, { // foo 是一个继承属性
    bar: {
        value: 2  // bar 是一个不可枚举属性
    },
    baz: {
        value: 3,
        enumerable: true  // baz 是一个自身可枚举属性
    }
});

var copy = Object.assign({}, obj);
console.log(copy); // => {baz: 3}
```

6.3.4　Object.defineProperty() 和 Object.getOwnPropertyDescriptor()

Object.defineProperty() 方法给对象添加一个属性并指定该属性的配置；Object.getOwnPropertyDescriptor() 方法返回对象指定的属性配置。

语法：

```
js Object.defineProperty(obj, propName, descriptor); Object.
getOwnPropertyDescriptor(obj, propName);
```

- obj：被操作的目标对象。
- propName：属性名。
- descriptor：属性描述符。

descriptor 属性描述符精确地描述了一个属性是否能够被修改，提供以下配置。

- configurable：布尔值，属性是否能被删除，默认为 false（一旦 configurable 设置为 false，则 configurable：便不可被再次修改）。
- enumerable：布尔值，属性是否可枚举，默认为 false（不可枚举）。
- value：属性值，默认为 undefined。
- writable：布尔值，对象属性是否可修改，false 为不可修改，默认为 false。
- get：一个给属性提供 getter 的方法，该方法返回值被用作属性值，默认返回为 undefined。
- set：一个给属性提供 setter 的方法，该方法将接收唯一参数，并将该参数的新值分配给该属性，默认参数值为 undefined。

其中 configurable 和 enumerable 为数据描述符和存取描述符共有的配置；value 和 writable 为数据描述符所有；get 和 set 为存取描述符所有。

示例代码：

```
```js let obj = {};

Object.defineProperty(obj, "foo", { enumerable: false, configurable: false,
writable: false, value: "1" });

// => {foo: "1"}
```
```

```
// 尝试删除 foo 属性 delete obj.foo; // => false obj.foo; // => "1"

// 尝试遍历 obj for(let i in obj){ console.log(i) } // 无输出

// 尝试修改 foo 属性 obj.foo = "10"; // => "10" obj.foo; // => "1" 存取描述符:
js let obj = {};

let baseValue = 1; Object.defineProperty(obj, "foo", { get : function(){
return baseValue; }, set : function(value){ baseValue = ++value; }, enumerable :
true, configurable : true });

obj.foo; // => 1 obj.foo = 10; // => 10 obj.foo; // => 11 ```
```

数据描述符和存取描述符不可混用。

获取对象的属性配置，示例如下。

```
let obj = {};

Object.defineProperty(obj, "foo", {
  value: "1"
});

Object.getOwnPropertyDescriptor(obj,"foo"); // => {value: "1", writable:
false, enumerable: false, configurable: false}
```

6.3.5 Object.defineProperties() 和 Object.getOwnPropertyDescriptors()

Object.defineProperties() 方法给对象添加多个属性并分别指定它们的配置；Object.getOwnPropertyDescriptors() 方法返回对象的属性及配置。

示例代码：

```
```js let obj = {};

Object.defineProperties(obj, { 'foo': { value: true, writable: true }, 'bar':
{ value: 'Hello', writable: false } });

Object.getOwnPropertyDescriptors(obj); // => { // bar:{value: "Hello",
writable: false, enumerable: false, configurable: false}, // foo:{value: true,
writable: true, enumerable: false, configurable: false} // } ```
```

6.3.6 Object.keys()、Object.values() 和 Object.entries()

Object.keys()、Object.values() 和 Object.entries() 这三种方法均返回一个数组。

- Object.keys() 返回一个包含所有给定对象自身可枚举属性名称的数组。
- Object.values() 返回一个包含所有给定对象自身可枚举属性值的数组。
- Object.entries() 返回一个包含所有给定对象自身可枚举属性的键值对数组。

示例代码：
```

```
let obj = {
    foo:1,
    bar:2,
    baz:3
}

Object.keys(obj);       // => ["foo", "bar", "baz"]
Object.values(obj);     // => [1, 2, 3]
Object.entries(obj);    // => [["foo", 1], ["bar", 2], ["baz", 3]]
```

6.3.7　Object.freeze() 和 Object.isFrozen()

Object.freeze() 方法冻结一个对象，被冻结对象自身的所有属性都不可能以任何方式被修改；Object.isFrozen() 方法判断对象是否已经冻结，如果该对象已被冻结，则返回 true，否则返回 false。

语法：

```
js Object.freeze(obj)
```

示例代码：

```
```js let obj = {};

Object.freeze(obj);

// 修改属性值 obj.foo = 1; // 添加属性 obj.bar = 2;

// 不能修改及添加属性 obj; // => {}

Object.isFrozen(obj); // => true ```
```

6.3.8　Object.seal() 和 Object.isSealed()

Object.seal() 方法防止密封一个对象，返回被密封后的对象，密封对象会阻止向对象添加新的属性，并且会将所有已有属性的可配置性（configurable）置为不可配置（false），即不可修改属性的描述或删除属性。但是可写性描述（writable）为可写（true）的属性值仍然可被修改；Object.isSealed() 方法判断对象是否已经密封，如果该对象已被密封，则返回 true，否则返回 false。

语法：

```
js Object.seal(obj); Object.isSealed(obj);
```

示例代码：

```
```js let obj = { foo:1 }

Object.seal(obj);

// 修改属性值 obj.foo = 2; // 添加属性 obj.bar = 2;

// 可以修改密封前的属性，但不能添加属性 obj; // => {foo: 2}
```

```
Object.isSealed(obj); // -> true ```
```

6.3.9 Object.preventExtensions() 和 Object.isExtensible()

Object.preventExtensions() 方法使一个对象无法扩展，也就是永远不能再添加新的属性；Object.isExtensible() 方法判断对象是否可扩展，如果该对象可扩展，则返回 true，否则返回 false。

语法：

```
js Object.preventExtensions(obj); Object.isExtensible(obj);
```

示例代码：

```
```js let obj = { foo:1 } Object.isExtensible(obj); // -> true

Object.preventExtensions(obj);

// 修改属性值 obj.foo = 2; // 添加属性 obj.bar = 2;

// 可修改但不能添加属性 obj; // => {foo: 2}

Object.isExtensible(obj); // -> false ```
```

6.3.10 Object.is()

Object.is() 方法比较两个值是否相同，其行为与严格比较运算符（===）的行为基本一致。不同的是，Object.is() 中所有 NaN 值都相等（这与 == 和 === 不同），且 +0 与 -0 也不相等。

语法：

```
js Object.is(value1, value2);
```

示例代码：

```
js Object.is(+0, -0); // => false Object.is(NaN, NaN); // => true Object.
is("foo", "foo"); // => true
```

6.3.11 Object.getOwnPropertyNames()

Object.getOwnPropertyNames() 方法返回一个数组，包含指定对象所有的可枚举或不可枚举的属性名（不包括继承属性）。

语法：

```
js Object.getOwnPropertyNames(obj);
```

示例代码：

```
```js var obj = Object.create({foo: 1}, { // foo 是一个继承属性 bar: { value:
2 // bar 是一个不可枚举属性。 }, baz: { value: 3, enumerable: true // baz 是一个自身可
枚举属性 } });
```

```
Object.getOwnPropertyNames(obj); // -> ["bar", "baz"] ```
```

6.3.12　Object.getOwnPropertySymbols()

Object.getOwnPropertySymbols() 方法返回一个数组，包含指定对象自身所有的符号属性。

语法：

```
js Object.getOwnPropertySymbols(obj);
```

示例代码：

```
```js let obj = {};

obj.foo = 1; obj[Symbol("bar")] = 2; obj[Symbol("baz")] = 3;

Object.getOwnPropertySymbols(obj); // -> [Symbol(bar), Symbol(baz)] ```
```

练习

- 创建一个对象，在其上调用不同的对象方法。
```

# 第 7 章

## 类

本章内容

在面向对象程序设计（OOP, Object-Oriented Programming）中，类（Class）是一种构造，是实现信息封装的基础，其描述了所创建的对象共同的属性和方法，类提供了可重复使用性的好处。本章将介绍类的使用方法，希望阅读本章后，你能够熟练地使用类。

# 7.1　定义

JavaScript 实际上是没有类的，在 ES6 中新增了 class 关键字，但其实仍是基于现有原型的继承方式，是一种“语法糖”。class 关键字提供了一个更简单、更清晰的语法来创建对象并处理继承。

与函数声明和函数表达式类似，类也有两种定义方式——类声明和类表达式。

**类声明：**

```
class People {
  constructor(name, age) {
    this.name = name;
    this.age = age;
  }
};
```

不同于函数声明，类声明不存在声明提前，也就是说在使用类之前，必须声明该类。

类表达式：

```
let People = class {
  constructor(name, age) {
    this.name = name;
    this.age = age;
  }
};
```

另外，类的内部默认是在严格模式下运行的，无论是否有 "use strict;"。

练习

- 创建一个类。

7.2　constructor

类都有一个用来实例化自己的特殊方法 ——constructor（构造函数），这个构造函数可以用来传入参数并赋给类的实例。

7.2.1　实例化

类的实例称为“实例对象”，可以使用 new 关键字来实例化一个类，constructor 方法会在使用 new 关键字创建对象实例时自动调用，示例如下。

```
class People {
  constructor(name, age) {
    this.name = name;
    this.age = age;
  }
};

let p = new People('js', 1);
```

```
p; // -> People {name: "js", age: 1}
```

一个类只能拥有一个名为 constructor 的特殊方法，如果没有添加 constructor 方法，会默认添加一个空的 constructor 方法，示例如下。

```
let People = class {};

// 等同于
let People = class {
    constructor() {
    }
};
```

7.2.2 类的方法

此外，在类中也可以定义函数，因为这个函数被关联给了类，所以它被称为类的函数通常称类的方法，类的方法可以有多个，示例如下。

```
class People {
  // 构造函数，也是类的方法
  constructor(name, age) {
    this.name = name;
    this.age = age;
  }

  // 类的方法
  sayName(){
    console.log(this.name)
  }

  // 类的方法
  sayAge(){}
};

let p = new People('js');

p.sayNama();  // > js
```

7.2.3 this 指向

类的方法内部如果含有 this，则其默认指向类的实例，示例如下。

```
class People {
  constructor(name, age) {
    this.name = name;
    this.age = age;
  }
};

let p = new People('js');

p.name;  // > js
```

7.2.4 constructor 属性

该属性返回该对象的构造函数，示例如下。

```
// Number
(-3.14).constructor; // -> function Number() { [native code] }

// String
"foo".constructor; // -> function String() { [native code] }

// Boolean
true.constructor; // -> function Boolean() { [native code] }

// null
// undefined

// Object
({}).constructor; // -> function Object() { [native code] }

// Symbol
Symbol().constructor; // -> function Symbol() { [native code] }

// Array
[].constructor; // -> function Array() { [native code] }

// Function
(function(){}).constructor; -> function Function() { [native code] }
```

前文我们实现了一个函数 shadowCopy，其中有如下一段代码。

```
if (target instanceof Number ||
    target instanceof String ||
    target instanceof Boolean ||
    target instanceof Date ) {

    return new target.constructor(target.valueOf());
}
return new target.constructor(target.valueOf());
```

这段代码就涉及了 new 运算符，我们通过目标对象的 constructor 属性获取目标对象的构造函数，通过 valueOf() 方法获取目标对象的值，再以该值作为参数，使用 new 运算符创建该构造函数的一个实例，以此来复制一个对象，具体代码如下。

```
// 假设原对象为
let target = new String('hello');
console.log(target); // > String {"hello"}

// 获取其构造函数与值
target.constructor; // -> String() { [native code] }
target.valyeOf();    // -> "hello"

// 创建该对象的复制
let copy = new target.constructor(target.valueOf());
console.log(copy); // > String {"hello"}
```

练习

- 实例化一个类。

7.3 继承

extends 关键字用于在类声明或类表达式中创建一个类，作为另一个类的一个子类，也就是继承。super 关键字用来在 constructor 方法内调用一个父类的构造函数，示例如下。

```
class People {
  constructor(name, age) {
    this.name = name;
    this.age = age;
  }

  speak() {
    console.log("people: " + this.name);
  }
};

class Man extends People {
  constructor(name){
      // 调用 super
      super(name);
  }
}

let p = new Man('js');
p.speak(); // -> people: js
```

在子类中如果需要使用 this 时，则需要在使用 this 之前调用 super()，示例如下。

```
// 以下代码会抛出错误 Uncaught ReferenceError
class Man extends People {
  constructor(name){
      this.name = 'man'
      super(name);
  }
}
```

正确的代码如下。

```
class Man extends People {
  constructor(name){
      super(name);
      this.name = 'man'
  }
}

let p = new Man('js');
p.speak(); // > people: man
```

上述代码中，我们先调用了父类的构造函数，将 name 的值设置为 'js'，随后又使用 'man' 将其覆盖，因此 ，p.speak() 输出结果为 people：man。

类是基于原型的，因此，子类中的属性和方法会覆盖父类中的属性和方法，当调用一个子类中不存在的属性或方法时（例如 speak），则会调用父类中的属性或方法，示例如下。

```
class Man extends People {
  speak() {
    console.log("man: " + this.name);
  }
}

let p = new Man("js");
p.speak(); // > man: js
```

上述代码中，我们为子类添加了 speak 方法，当子类的实例调用该方法时，因为该方法存在于子类中，所以直接输出 man：js，而不用追溯到父类中。

此外，super 也可以在调用父类上的静态方法时使用，我们会在下一节中遇到。

7.4　静态方法

static 关键字用来定义一个类的静态方法，静态方法可以有多个，其不会被实例继承，而是直接通过类来调用，示例如下。

```
class People {
  constructor(name, age) {
    this.name = name;
    this.age = age;
  }

  static speak() {
    console.log("people: " + this.name);
  }

  static search(){}
};

People.speak();   // > people: People
```

我们在前文中已经见过了类似的使用，结合 Array 对象，即可很好地理解 static 关键字，示例如下。

```
class Array {

  static isArray(){}

  static from(){}

  concat(){}

  copyWithin(){}
};
```

也可以在子类的静态方法中通过 super 访问父类的静态方法，示例如下。

```
class Man extends People {
  static loudly() {
    return super.speak();
  }
}
```

```
Man.loudly(); // > people: Man
```

既然有静态方法，那么是不是也有静态属性呢？很遗憾，在 JavaScript 中，并没有静态属性，示例如下。

```
// 错误代码
class Man extends People {
  static sex;
}
```

练习

- 为类定义静态方法。

第 8 章

JSON

本章内容

JSON（JavaScript Object Notation）是一种语法，用来进行轻量级的数据交换，被广泛地应用于 Web 应用的开发。尽管 JSON 脱胎于 JavaScript，但时至今日，很多编程语言都支持 JSON 的解析与序列化，例如 Java、C、Python 等，甚至在一些 NoSQL 非关系型数据库中，JSON 也被作为其数据存储的格式。本章将介绍在 JavaScript 中对 JSON 格式的数据进行解析与序列化，希望阅读本章后，你能够熟练地使用 JSON。

8.1 简介

JSON 的值有两种形式，其中一种以字符串的形式存在，通常称为“JSON 字符串”，JSON 字符串是由数字、字符串、布尔值、null、数组、对象这些值以引号包裹的形式组成的。

示例代码：

```
// 数字
'1';

// 字符串
'"str"';

// 布尔值
'true';

// null
'null';

// 数组
'[1, 2]';

// 对象
'{"foo" : 1}';
```

JSON 中如果值是一个对象，该对象的属性名必须用双引号包裹，如果值是字符串，也必须用双引号包裹，不得使用单引号。因此，在上面的示例中，字符串和对象的属性名以双引号包裹。

另外，JSON 中的值不能是函数、undefined、NaN。

示例：

```
// 以下均为非 JSON 格式的数据
'undefined';
'NaN';
'function(){}';
'{"foo" : function(){}}';
```

JSON 的值的另一种形式为 JavaScript 中的对象或数组，通常称为“ JSON 对象”，示例如下。

```
{"foo":1,"bar":2,"baz":3};
[1, 2];
```

8.2 JSON 的解析

JSON.parse() 方法解析一个 JSON 字符串为 ECMAScript 值，返回解析后的值，提供可选的 reviver 函数，用于对所得到的值进行转换。

1. 语法

```
JSON.parse(text[, reviver])
```

2. 参数说明

- text （必需），被解析的 JSON 字符串。
- reviver （可选），在返回之前对所得到的值进行转换。

3. 示例

```
JSON.parse('{}');            // -> {}
JSON.parse('[]');            // -> []
JSON.parse('1');             // -> {}
JSON.parse('"str"');         // -> "str"
JSON.parse('true');          // -> true
JSON.parse('null');          // -> null
```

如果被解析的 JSON 字符串是非法的，将会抛出一个异常，示例如下。

```
js JSON.parse("underfined"); // -> Uncaught SyntaxError
```

除字符串外，JSON.parse() 解析的 JSON 字符串不允许以逗号结尾，示例如下。

```
    js JSON.parse('{"foo" : 1,}'); // -> Uncaught SyntaxError JSON.
parse('[1,]'); // -> Uncaught SyntaxError JSON.parse('1,'); // -> Uncaught
SyntaxError JSON.parse('"str,"'); // -> "str,"
```

4. reviver

如果 reviver 是一个函数，将对解析出来的每一个对象调用此函数，对象的属性名和属性值将作为函数的参数传入 reviver，其 this 指向当前调用该函数的对象，如果 reviver 函数返回 undefined，则该对象的属性 key 会被删除，如果是其他值，则返替代该对象的属性值 value，示例如下。

```
    ```js JSON.parse('{"1": 1, "2": 2,"3": 3}', function (key, value) {
if(key==1) { return undefined; }else{ return value; } });
    // => {2: 2, 3: 3} ```
```

5. reviver 的调用顺序

reviver 函数的遍历顺序是由内向外的，如果外层有相邻节点，则再次按照由内向外访问，这样逐层往外，直到到达顶层，即解析值本身。这与 JavaScript 中的作用域链的查找机制非常相似，示例如下。

```
    JSON.parse(`{ "1":{ "2":{ "4":{ "8":8 }, "5":{ "9":9 } }, "3":{ "6":6,
"7":7 } } }`, function (key, value) { // 输出当前的属性名 console.log(key); });
```

反撇号（ ` ）是 ES6 中的一种新的字符串字面量语法，可以简单、方便地表示多行字符串，在这里使用只是为了清晰地展示字符串的结构。

上述代码将会在控制台依次输出 ```，示例如下。

```
8 4 9 5 2 6 7 3 1 '' ```
```

需要注意的是，最后一行输出的是一个空字符串，这是因为当遍历到顶层的值时，传入 reviver 函数的参数会是空字符串（ "" ）。
```

### 6. eval()

eval() 函数计算传入的字符串，并执行其中的 JavaScript 代码，对其进行求值，如果返回值为空，则返回 undefined。

```
js eval(string) 示例 ```js eval('[]'); // -> [] eval('1'); // -> {}
eval('"str"'); // -> "str" eval('true'); // -> true eval('null'); // -> null
    eval('{}'); // -> undefined eval('{"foo":1,"bar":2}'); // -> Uncaught
SyntaxError ```
```

上述代码中，使用 eval() 解析了 '{}' 与 JSON.parse() 返回的结果不同，这是由于 eval() 将其中的 {} 当作一个语句块处理，而语句块 {} 是一条空语句，其返回值为空，因此 eval('{}') 返回 undefined。

而解析 '{"foo":1,"bar":2}' 时，实际执行的是 {"foo":1,"bar":2} ，而作为一个语句块，显然其语法有误。因此，为了让 eval() 正确解析一个 JSON 字符串，需要避免 eval() 将其当作语句块处理，有几种方法可以将其转化为表达式，示例如下。

```
eval('var res = {"foo":1,"bar":2}');
console.log(res) // > {foo: 1, bar: 2}

eval('({"foo":1,"bar":2})'); // > {foo: 1, bar: 2}
```

eval()"危险"但很强大，因为其调用的是javascript解析器，直接执行了其中的 JavaScript 代码。

尽管 eval() 可以用来解析一个 JSON 字符串，但因为其很容易造成安全问题，所以调用 eval() 时尽量保证数据是可靠的。

举一个简单的例子：

```
js eval('({"foo":1,"bar":2,baz:alert(document.cookie)})');
```

以上代码会在页面弹出 cookie 信息，假设 alert 函数也被替换成一个向第三方发送数据的函数，那么，当在用户浏览器上执行以上代码时，用户的数据就会在不知情的情况下被泄漏出去，示例如下。

```
eval('({"foo":1,"bar":2,baz:alert(document.cookie)})');
```

练习

- 解析 JSON 格式的数据。

8.3 JSON 的序列化

JSON.stringify() 方法将一个 JavaScript 值序列化为 JSON 字符串，提供可选的 replacer 函数或数组用以 space。

1. 语法

```
JSON.stringify(value[, replacer [, space]])
```

2. 参数说明

- value （必需），被解析的 ECMAScript 值，可以是对象、数组、字符串、布尔值、数字或者 null。
- reviver （可选），函数或数组，对被序列化的值的每个属性进行处理。
- space （可选），指定缩进的分隔符。

3. 示例

```
JSON.stringify({"foo":1,"bar":2});    // -> '{"foo":1,"bar":2}'
JSON.stringify([]);                   // -> '[]'
JSON.stringify("str");                // -> '"str"'
```

如果被序列化的 JavaScript 值是数字、布尔值或 null，在 JSON 字符串中都会被显示为字符串，示例如下。

```
    js JSON.stringify(1); // -> '1' JSON.stringify(true); // -> 'true' JSON.
stringify(null); // -> 'null' JSON.stringify({'foo':1,"bar":true,"baz":null});
// '{"foo":1,"bar":true,"baz":null}'
```

上述代码中 {'foo':1,"bar":true,"baz":null} 是一个对象，其中的数字、布尔值或 null 并不会被处理成字符串。

如果 JavaScript 值是 undefined 或是一个 函数，则会返回 undefined，而不是字符串 js JSON.stringify(undefined); // -> undefined JSON.stringify(function(){}); // -> undefined。此外，JSON.stringify() 序列化的 JSON 字符串是标准的，如果被序列化的 JavaScript 值是数组或对象，且以逗号结尾，返回的结构中，该逗号会被去除，示例如下。

```
    js JSON.stringify({"foo" : 1,}); // -> '{"foo" : 1}' JSON.stringify([1,]);
// -> '[1]' JSON.stringify("str,"); // -> '"str,"'
```

4. replacer

replacer 可以是一个函数或一个数组。

当 replacer 为函数时，对象的属性名和属性值将作为函数的参数传入 replacer，JSON.stringify() 会对 replacer 的返回值再次进行序列化，如果 replacer 函数返回的是一个对象，则对其进行序列化，并对该对象的每个属性调用 replacer 函数，如果是其他值，则对其进行序列化后返回，当返回 undefined 时，该属性不会在 JSON 字符串中输出，示例如下。

```
JSON.stringify({"foo":1,"bar":2,"baz":3},function(key,value){
    if(value === 3){
        return undefined;
    }
    return value;
})

// -> '{"foo":1,"bar":2}'
```

上述代码在 value === 3 时返回 undefined，而其 key 为 'baz'，最终 JSON.stringify() 返回值中不会出现 key 为 'baz' 的属性。

与 JSON.parse() 的 reviver 不同，replacer 作为函数调用时是从外向内的，示例如下。

```
js function replacer(key,value){ console.log(key,value); } JSON.stringify({"foo":1,"bar":2,"baz":3},replacer); // -> undefined
```

上述代码会在控制台输出 Object {foo: 1, bar: 2, baz: 3}，这是因为，第一次调用 replacer 时，传入的 key 是空字符串，value 是 {"foo":1,"bar":2,"baz":3}，此时控制台输出对应的 value。接下来，replacer 函数返回 undefined，则 key 为空字符串的 Object {foo: 1, bar: 2, baz: 3} 不会在 JSON 字符串中输出，而 JSON.stringify() 对 undefined 的序列化为 undefined，因此，最终返回 undefined。

为了方便演示，定义一个 geReplacer 函数用来生成拥有特定返回值的 replacer 函数，示例如下。

```
```js function geReplacer(val){ return function(key,value){ if(typeof val !== 'undefined'){ if(typeof val === 'object' && val !== null){ return Object.assign({},val); } return val; }else{ return value; } } }
function foo(replacer){ return JSON.stringify({"foo":1,"bar":2,"baz":3},replacer); }
foo(geReplacer([])); // -> '[]' foo(geReplacer(1)); // -> '1' foo(geReplacer("str")); // -> '"str"' foo(geReplacer(true)); // -> 'true' foo(geReplacer(null)); // -> 'true' foo(geReplacer({})); // -> '{}' foo(geReplacer()); // -> '{"foo":1,"bar":2,"baz":3}' ```
```

上述代码分别将 replacer 的返回值修改为数组、数字、字符串、布尔值、null，JSON.stringify() 对 replacer 的返回值进行序列化后返回。

那么，当 replacer 返回的是一个自定义的对象时，会返回什么呢？

```
js foo(geReplacer({"foo":1,"bar":2,"baz":3})); // -> Maximum call stack size exceeded
```

上述代码会抛出栈溢出错误，这是因为 JSON.stringify() 对 replacer 的返回值进行序列化后返回的始终是同一个对象，没有递归的循环终止条件，导致栈溢出错误。

当 replacer 为数组时，则只有包含在这个数组中的属性名才会被序列化到最终的 JSON 字符串中，示例如下。

```
js JSON.stringify({"foo":1,"bar":2,"baz":{"quz":3}},['foo']); // -> '{"foo":1}' JSON.stringify({"foo":1,"bar":2,"baz":{"quz":3}},['baz']); // -> '{"baz":{}}' JSON.stringify({"foo":1,"bar":2,"baz":{"quz":3}},['baz','quz']); // -> '{"baz":{"quz":3}}'
```

5. space

space 用来指定返回的结果中缩进的分隔符，值可以是制表符、数字或字符串。

使用制表符（\t）缩进 js JSON.stringify({"foo":1,"bar":2,"baz":3}, null, '\t'); ，返回结果：js { "foo": 1, "bar": 2, "baz": 3 } 。使用数字缩进，数值的大小决定了缩进空格的个数，数值最大不超过 10，即最大不超过 10 个空格，js JSON.stringify({"foo":1,"bar":2,"baz":3}, null, 2); ，返回结果：js { "foo": 1, "bar": 2, "baz": 3 } 。使用字符串缩进 js JSON.stringify({"foo":1,"bar":2,"baz":3}, null, ' '); 返回结果：js { "foo": 1, "bar": 2, "baz": 3 }。
```

## 练习

- 序列化 JSON 格式的数据。

# 第 9 章 BOM

本章内容

在前面的章节里，我们已经学习了 JavaScript 的语言核心（ECMAScript）。从本章开始，我们将接触到实现 JavaScript 的另外两个不可缺少的部分——BOM 和 DOM。

BOM(Browser Object Model) 是指浏览器对象模型，它提供了独立于内容的、可以与浏览器窗口进行互动的对象结构。BOM 由浏览器提供的一系列对象组成，其中代表浏览器窗口的 Window 对象是 BOM 的顶层对象，其他对象都是该对象的子对象。

Window 对象不仅是 BOM 中的顶级对象，在浏览器中，Window 对象也是 ECMAScript 规范中的 Global 对象。document 对象既是 BOM 顶级对象的一个属性，也是 DOM 模型中的顶级对象。

BOM 的实现没有严格的标准，各浏览器厂商可以自由地以他们希望的方式实现 BOM，这也是造成不同浏览器之间兼容性差异的原因之一。

# 9.1　window

在浏览器中，window 是 JavaScript 的 Global 对象（全局对象）。此外，window 也表示一个包含 DOM 文档的浏览器窗口（标签页）或框架，其 document 属性指向浏览器窗口或框架中载入的 DOM 文档。

window 有很多属性和方法，例如，我们已经见过无数次的 console.log() 方法，示例如下。

```
window.console.log('');
```

调用 window 下的方法时，一般可以省略 window，因此，上述代码可以简写为：

```
console.log('');
```

下面来了解比较常用的两个方法。

9.1.1　setTimeout

setTimeout() 方法用于在指定的毫秒数后调用函数或计算表达式，示例如下。

```
setTimeout(function(){
    console.log('hello');
},1000)
```

这段代码将会在 1s 后在控制台输出 ‘hello’，setTimeout 只运行一次，也就是说，设定的时间到后就触发运行指定代码，运行完后即结束。

setTimeout 创建的定时器会返回一个 ID 值，利用这个 ID 值配合 cleartimeout 可以取消要延迟执行的代码块，示例如下。

```
let t = setTimeout(function(){
    console.log('hello');
},1000)
clearTimeout(t)
```

9.1.2　setInterval

setInterval() 与 setTimeout() 相同，区别在于后者是重复性地检测和执行，示例如下。

```
let t = setInterval(function(){
    console.log('hello');
},1000)
```

上面的代码每隔 1s 在控制台输出 'hello'。

setInterval 创建的定时器可以使用 clearInterval 取消，示例如下。

```
// ...
clearInterval(t)
```

9.1.3 定时器的问题

setTimeout 的问题在于它并不是精准的，例如，使用 setTimeout 设定一个任务在 10ms 后执行，但是在 9ms 后，有一个任务占用了 5ms 的 CPU 时间片，再次轮到定时器执行时，时间已经过期了 4ms，那么，是不是说 setInterval 就是准确的呢？

然而并不是，setInterval 存在两个问题。

① 时间间隔可能会跳过。

② 时间间隔可能小于定时器设定的时间。

查看以下代码。

```
function click() {
    // code block1...
    setInterval(function() {
        // process ...
    }, 200);
    // code block2
}
```

我们假设通过一个 click 触发了 setInterval，以实现每隔 200ms 执行代码 process。

假设触发 click 后，code block1 耗时 5ms，在 205ms 时执行 setInterval，以此为一个时间点，在此时插入 process 代码，process 代码开始执行，我们知道下一个 setInterval 将在 405ms 时执行，然而，process 代码执行的时间超过了接下来一个插入时间点 405ms，这样代码队列后又插入了一份 process 代码，process 继续执行着，而且超过了 605ms 这个插入时间点。

下面问题来了，由于代码队列中已经有了一份未执行的 process 代码（405m 时插入的），所以 605ms 这个插入时间点将会被跳过，因为 JavaScript 引擎只允许有一份未执行的 process 代码。

为了避免这种情况可以使用 setTimeout 递归调用，代码如下。

```
setTimeout(function(){
    // processing
    setTimeout(arguments.callee, interval);
}, interval);
```

每次函数执行的时候都会创建一个新的定时器，第二个 setTimeout 调用了 arguments.callee 来获取对当前执行的函数的引用，并为其设置另外一个定时器。这样做是为了在前一个定时器代码执行完毕之前，不会向队列插入新的定时器代码，确保不会有任何缺失的间隔，也保证了在下一次定时器代码执行之前，至少要等待指定的间隔，避免了连续运行导致的执行代码丢失。

9.2 history

9.2.1 history

history 对象包含用户在一个会话期间使用浏览器访问网站的历史记录，用户每访问一个新的页面就会创建一个新的历史记录，出于隐私考虑，这些记录不能被直接访问，但 history 对象提供了相应的方法用来操作浏览器的前进和后退。

历史记录并不能被直接访问，但可以通过 history.length 获取历史记录中的元素（包含当前加载页面）的数量，示例如下。

```
history.length;
```

通常情况下，history.length 的值从 1 开始，即计算用户在一个会话期间，第一次访问某个网站时的历史记录，但在某些浏览器（例如 IE、Opera）中，history.length 的值从 0 开始，用户第一次的访问不会创建新的历史记录，因此，如果你需要判断某个页面是否有上一个页面时，需要注意这点。

forward() 方法用来进入历史记录中的前一个 URL，即前进到上一个页面，与用户单击浏览器的“前进”按钮的效果相同，相当于 history.go(1)，示例如下。

```
history.forward()
```

back() 方法用来进入历史记录中的后一个 URL，即后退到上一个页面，与用户单击浏览器的“后退”按钮的效果相同，相当于 history.go(-1)。

```
js history.back();
```

go() 方法用来进入历史记录中的指定 URL，接收一个数字作为参数，表示要进入的 URL 相对于当前页面的位置，0 为当前页面，示例如下。

```
// 前进
history.go(1);

// 后退
history.go(-1);

// 后退两个页面
history.go(-2);
```

如果指定位置的 URL 不存在，则不进行任何操作。

9.2.2 ajax 的前进后退

众所周知，ajax 可以实现页面的局部刷新，但 ajax 不能与“前进”和“后退”按钮相配合，因此，HTML5 引入了 history.pushState() 和 history.replaceState() 方法，用来添加和修改历史记录。

1. history.pushState() 方法

语法：

```
history.pushState(stateObj, title, url);
```

- stateObj 页面状态对象，popstate 事件中的 event.state，可用来在页面之间传递参数。
- title 页面标题，一般为空字符串。
- url 页面路径，可以是相对或绝对 URL，需要注意的是，pushState 无法跨域，因此，绝对 URL 不能跨域。

示例代码：

```
<!-- http://xxx.com/index.html 页面 -->
...
document.getElementById('btn').onclick = function(){
    var stateObj = { foo: "bar" };
    history.pushState(stateObj, "title", "bar.html");
}
```

假设页面上有一个 id 为 'btn' 的按钮，上述代码在单击这个按钮后，浏览器的 URL 将会变成 http://xxx.com/bar.html，此时用户再单击“返回”按钮，页面的 URL 又会变成 http://xxx.com/index.html，但浏览器并不会尝试加载这个 URL。

2. history.replaceState() 方法

history.replaceState() 调用方式与 history.pushState() 基本相同，不同之处在于，replaceState() 方法会修改当前历史记录条目，而并非创建新的条目。

示例代码：

```
<!-- http://xxx.com/index.html 页面 -->
...
document.getElementById('btn').onclick = function(){
    var stateObj = { foo: "bar" };
    history.pushState(stateObj, "title", "bar.html");
}

document.getElementById('btn2').onclick = function(){
    var stateObj = { foo: "baz" };
    history.replaceState(stateObj, "title", "baz.html");
}
```

上述代码在单击 id 为 'btn' 的按钮后，浏览器的 URL 将会变成 http://xxx.com/bar.html，此时，再单击 id 为 'btn2' 的按钮，浏览器的 URL 又会变成 http://xxx.com/baz.html，但如果再单击浏览器的“返回”按钮，浏览器的 URL 将会变成 http://xxx.com/index.html，而不是返回到 http://xxx.com/bar.html，这说明 replaceState 方法替换掉了当前的历史记录。

3. popstate

window.onpopstate 是 popstate 事件在 window 对象上的事件处理程序，该事件对象拥有多种属性和方法，其中 event.state 为当前历史记录的页面状态对象。

示例：

```
    ```js window.onpopstate = function(event) { console.log(document.location.
href,event.state); };

    // 绑定事件处理函数 . history.pushState({ foo: "1" }, "title", "1.html?foo=1");
history.pushState({ foo: "2" }, "title", "2.html?foo=2"); // 替换 baz 页面
history.replaceState({ foo: "3" }, "title", "3.html?foo=3");

    // 此时处于页面 3 history.back(); // 页面 2 已经被替换成页面 3，因此页面 3 直接返回到页
面 1 输出 http://xxx.com/1.html?foo=1 {foo: "1"}
```
```

```
    // 此时处于页面 1 history.back(); // 页面 1 返回到页面 index，输出 http://xxx.com/
index.html null

    // 此时处于页面 index history.go(2); // 页面 1 跳转至 页面 2，但页面 2 在历史记录中早
已经被页面 3 替换，因此跳转至页面 3，输出 http://xxx.com/3.html?foo=3 Object {foo: "3"}
```

```

在 Chrome 57.0.2987.133 版本中，history.back()、history.forward()、history.go() 为异步，并且页面回退后立即执行前进操作时，Chrome 浏览器不会执行相关操作，即 history.go(n)(n>0) 和 history.forward() 在 history.back() 后立即执行时无效。Firefox 为同步，上述代码在执行 history.go(2) 后，页面链接为 http://xxx.com/3.html?foo=3。

除了 pushState() 和 replaceState() 方法，单击"前进""后退"按钮，以及在 JavaScript 中调用 history.back()、history.forward()、history.go() 方法时都会触发该事件，popstate 的这个特性极大地方便了单页面应用的跳转处理和参数传递，示例如下。

```
    window.onpopstate = function(event) {
      console.log(document.location.href,event.state)
    };

    // 绑定事件处理函数
    history.pushState({ foo: "1" }, "title", "1.html?foo=1");
    history.pushState({ foo: "2" }, "title", "2.html?foo=2");
    // 替换 baz 页面
    history.replaceState({ foo: "3" }, "title", "3.html?foo=3");

    // 此时处于页面 3
    history.back(); // 页面 2 已经被替换成页面 3，因此页面 3 直接返回到页面 1 输出 http://
xxx.com/1.html?foo=1 {foo: "1"}

    // 此时处于页面 1
    history.back(); // 页面 1 返回到页面 index，输出 http://xxx.com/index.html null

    // 此时处于页面 index
    history.go(2); // 页面 1 跳转至 页面 2，但页面 2 在历史记录中早已经被页面 3 替换，因此跳
转至页面 3，输出 http://xxx.com/3.html?foo=3 Object {foo: "3"}
```

4. hashchange

hashchange 用于监听窗口 URL 的 hash，当 hash 发生变化时，触发这个事件监听。

示例代码：

```
    window.onhashchange = function() { console.log("changed"); };
```

9.3　location

location 是一个只读属性，返回一个 Location 对象，其中包含有关文档当前页面地址的信息。尽管 location 是只读的，仍可以对其进行一些操作，对该对象的修改会反映到文档上。
```

### 9.3.1 assign() 和 replace()

assign() 方法，在当前页面跳转到 URL 对应的页面，可以后退到跳转之前的页面；replace() 方法加载 URL 对应的页面替换当前页面，不可以后退到加载之前的页面，示例如下。

```
location.assign("https://a.com");
// location = "https://a.com";

location.replace("https://a.com);
```

9.3.2 reload()

reload() 方法刷新页面，接收一个布尔值，如果为 true，则强制从服务器重新加载页面，否则，从缓存中加载，默认为 false，示例如下。

```
location.reload(true);
```

9.3.3 属性

location 上有一些常用的属性，示例如下。

```
let url = "https://a.com:80/?first=hello#1";

// 主机名 + 端口
url.host;       // -> "a.com"

// 主机名
url.hostname; // -> "a.com"

// 端口
url.port;       // -> ""

// 端口协议
url.protocol; // -> "https:"

// 路径名
url.pathname; // -> "/"

// 协议 + 主机名 + 端口
url.origin;    // -> "https://a.com"

// 查询部分
url.search;    // -> "?first=hello"

// 哈希
url.hash;      // -> "#1"

// 完整 URL
url.href;      // -> "https://a.com/?first=hello#1"
```

9.4　navigator

navigator 属性返回一个 Navigator 对象，其中包含用户的浏览器信息。

通常利用 navigator.userAgent 的返回值判断浏览器的类型，示例如下。

```
    js navigator.userAgent; // -> "Mozilla/5.0 (Macintosh; Intel Mac OS
X 10_12_6) AppleWebKit/537.36 (KHTML, like Gecko) Chrome/66.0.3359.117
Safari/537.36"
```

利用 navigator.userAgent 可以进行设备类型检测，从而判断用户的浏览器类型，以完成不同的需求，例如使用计算机、平板电脑、手机访问页面时跳转到不同的页面，判断用户浏览器是否需要升级等。

第 10 章 DOM

本章内容

文档对象模型（Document Object Model，DOM）是 W3C 组织推荐的处理可扩展标志语言的标准编程接口。在网页上，每个节点对应一个对象，而节点又以节点树的形式存在，因此，这些对象组成了一个树形的文档模型，可以通过浏览器提供的 API 来操作这些对象，进而控制该对象对应的节点在网页上发生的变化。

与 BOM 不同，DOM 是有其实现标准的，其历史可追溯到 20 世纪 90 年代后期，Netscape Navigator 和 Microsoft Internet Explorer 之间的“浏览器大战”，双方为了争夺用户，在各自的浏览器上添加了不少专属的扩展功能，这就导致同样的网站在不同的浏览器之间无法正常显示，混乱开始。

1997 年，在 ECMAScript 标准化之后，W3C DOM 工作组便开始起草 DOM 标准的规范，以使不同的厂商按照相同的规范实现 DOM。

1998 年年底，W3C 推出 DOM Level 1。

2000 年年末，DOM Level 2 发布，其引入了 getElementById 函数、事件模型，以及对 XML 名称空间和 CSS 的支持。

2004 年 4 月，DOM Level 3 发布，增加了对键盘事件处理的支持，以及将文档序列化为 XML 的接口。

2015 年 11 月，DOM Level 4 发布，详情可查看 https://www.w3.org/TR/dom/。

10.1　DOM 简介

文档对象模型（Document Object Model，DOM），是 W3C（万维网联盟）的标准。

DOM 定义了一种访问 HTML 和 XML 文档的方式，用来对文档的内容、结构和样式进行操作。

10.1.1　节点

DOM 将文档解析为一个有层级的节点树，在节点树中，每个节点都是一个 Node，不同的节点有不同的节点类型。

10.1.2　节点类型

节点类型如下表所示。

nodeType	描述	节点类型常量
1	Element 元素节点，例如 <p>	ELEMENT_NODE
3	Text Element 或 Attr 中的文本内容	TEXT_NODE
7	ProcessingInstruction 代表处理指令	PROCESSINGINSTRUCTIONNODE
8	Comment 注释	COMMENT_NODE
9	Document 整个文档（DOM 树的根节点）	DOCUMENT_NODE
10	DocumentType 描述文档类型的 DocumentType 节点。例如 <!DOCTYPE html> 就是用于 HTML5 的	DOCUMENTTYPENODE
11	DocumentFragment 轻量级的 Document，用于存储已排好版的或尚未打理好格式的 XML 片段	DOCUMENTFRAGMENTNODE

DOM4 中弃用的节点类型，如下表所示。

nodeType	描述	节点类型常量
2	Attr 元素的属性	ATTRIBUTE_NODE
4	CDATASection 文档中的 CDATA 部分（不会被转义的文本）	CDATASECTIONNODE
5	EntityReference XML 实体引用节点	ENTITYREFERENCENODE
6	Entity XML <!ENTITY …> 节点	ENTITY_NODE
12	Notation XML <!NOTATION …> 节点	NOTATION_NODE
10	DocumentType 描述文档类型的 DocumentType 节点，例如 <!DOCTYPE html> 就是用于 HTML5 的	DOCUMENTTYPENODE
11	DocumentFragment 轻量级的 Document，用于存储已排好版的或尚未整理好格式的 XML 片段	DOCUMENTFRAGMENTNODE

10.2 节点查找

DOM 提供了一些获取节点的方法来访问节点，假设我们有如下一个 HTML 页面。

```
<!DOCTYPE html>
<html>
<head>
<meta charset="utf-8">
<meta http-equiv="X-UA-Compatible" content="IE=edge,Chrome=1">
<title>Examples</title>
<meta name="description" content="">
<meta name="keywords" content="">
<link href="" rel="stylesheet">
</head>
<body>
    <div id="a" class="a" name="a">
        <embed src="xx.swf">
    </div>
    <a href="#" class="a">
        <img src="xx.png">
    </a>
    <a href="#" class="a" name="a">
        <img src="xx.png">
    </a>
    <form></form>
    <script></script>
</body>
</html>
```

10.2.1 获取单个节点 Node

以下方法返回单个 Node 节点。

1. getElementById(id)

返回文档中第一个符合指定 id 的节点，代码如下。

```
let element = document.getElementById('a');

element.nodeName; // -> "DIV"
```

2. querySelector(selectors)

返回文档中第一个匹配指定选择器的节点，代码如下。

```
```js let element = document.querySelector('#a');
element.nodeName; // -> "DIV" ```
```

3. document.doctype

返回 HTML 文档的文档类型对象，代码如下。

```
let element = document.doctype; // -> <!DOCTYPE html>
```
```

```
element.nodeName; // -> "html"
```

4. document.documentElement

返回文档的根节点，代码如下。

```
let element = document.documentElement;

element.nodeName; // -> "HTML"
```

5. document.head

返回文档中的第一个 head 节点，代码如下。

```
let element = document.head;

element.nodeName; // -> "HEAD"
```

6. document.body

返回文档中的第一个 body 节点，代码如下。

```
let element = document.body;

element.nodeName; // -> "BODY"
```

7. document.activeElement

返回当前获取焦点的元素，默认为 document.body，代码如下。

```
let element = document.activeElement;

element.nodeName; // -> "BODY"
```

10.2.2　获取节点集合 NodeList

以下方法返回 Node 节点的集合。

1. getElementsByClassName(names)

返回文档中所有含有指定类名的节点，代码如下。

```
let elements = document.getElementsByClassName('a');

[...elements].forEach(item=>console.log(item.nodeName));

// > DIV
// > A
// > A
```

2. getElementsByName(name)

返回文档中所有指定 name 的节点，代码如下。

```
let elements = document.getElementsByName('a');

[...elements].forEach(item=>console.log(item.nodeName));

// > DIV
// > A
```

3. getElementsByTagName(name)

返回文档中所有指定标签名的节点，代码如下。

```
let elements = document.getElementsByTagName('a');

[...elements].forEach(item=>console.log(item.nodeName));

// > A
// > A
```

4. getElementsByTagNameNS(namespace,name)

返回方法带有指定名称和命名空间的所有节点，代码如下。

```
let elements = document.getElementsByTagNameNS('http://www.w3.org/1999/
xhtml', 'div');

[...elements].forEach(item=>console.log(item.nodeName));

// > DIV
```

5. querySelectorAll(selectors)

返回文档中所有匹配指定选择器的节点，代码如下。

```
let elements = document.querySelectorAll('.a');

[...elements].forEach(item=>console.log(item.nodeName));

// > DIV
// > A
// > A
```

6. document.all

返回文档的所有节点，代码如下。

```
let elements = document.all;

[...elements].forEach(item=>console.log(item.nodeName));

// > HTML
// > HEAD
```

```
// > META
// > META
// > TITLE
// > META
// > META
// > LINK
// > BODY
// > DIV
// > EMBED
// > A
// > IMG
// > A
// > IMG
// > FORM
// > SCRIPT
```

7. document.links

返回文档的所有 a 节点，代码如下。

```
let elements = document.links;

[...elements].forEach(item=>console.log(item.nodeName));

// > A
// > A
```

8. document.scripts

返回文档的所有 script 节点，代码如下。

```
let elements = document.scripts;

[...elements].forEach(item=>console.log(item.nodeName));

// > SCRIPT
```

9. document.images

返回文档的所有 image 节点，代码如下。

```
let elements = document.images;

[...elements].forEach(item=>console.log(item.nodeName));

// > IMG
// > IMG
```

10. document.forms

返回文档的所有 form 节点，代码如下。

```
let elements = document.forms;

[...elements].forEach(item=>console.log(item.nodeName));
```

```
// > FROM
```

11. document.embeds

返回文档的所有 embed 节点，代码如下。

```
let elements = document.embeds;

[...elements].forEach(item=>console.log(item.nodeName));

// > EMBED
```

也可以通过节点的属性访问其他节点，代码如下。

```
let element = document.getElementById('a');

// 父元素节点
element.parentNode;

// 上一个兄弟节点
element.previousElementSibling;

// 下一个兄弟节点
element.nextElementSibling;

// 子元素节点集合
element.Children
```

练习

- 使用不同的方式查找节点。

10.3 节点操作

DOM 节点的操作分为四大类。

10.3.1 创建节点

1. createElement(tagName)

可以通过 createElement() 方法创建一个节点，tagName 为节点名称。

语法：

```
js document.createElement(tagName);
```

示例代码：

```
var el = document.createElement("body");
```

2. cloneNode([deep])

cloneNode() 方法返回一个节点的副本，可选参数 deep 为 true 时，则该节点及后代节点也会被复制，为 true 时，只复制该节点本身，默认为 false。

语法：

```
Node.cloneNode([deep]);
```

示例代码：

```
let el = document.body.cloneNode();
```

10.3.2　新增节点

1. appendChild

向节点添加最后插入的一个子节点，返回被插入的节点。

语法：

```
js parentNode.appendChild(child);
```

示例代码：

```
```js let div = document.createElement("div");

document.body.appendChild(div); ```
```

如果被插入的节点已经存在，则先移除该节点再插入。

2. insertBefore

在指定子节点之前插入新的子节点，返回被插入的节点。

语法：

```
parentNode.insertBefore(child, childNodes[N]);
```

示例代码：

```
```html <!DOCTYPE html>

// 此时 p 在 script 之前 // <!DOCTYPE html> // // ... // //

// // // ```
```

3. insertAdjacentHTML

该方法将指定的字符串解析为 HTML，并插入 DOM 树中。

语法：

```
js Node.insertAdjacentHTML(where, htmlString);
```

- where：表示相对于 Node 插入的位置。

- beforeBegin：在该元素前插入。
- afterEnd：在该元素后插入。
- afterBegin：在该元素第一个子元素前插入。
- beforeEnd：在该元素最后一个子元素后面插入。

示例代码：

```
```js // html ...

...
var el = document.getElementById("test");

el.insertAdjacentHTML('beforeBegin', "
1 元素前
"); el.insertAdjacentHTML('afterBegin', "
2 子元素前
"); el.insertAdjacentHTML('beforeEnd', "
3 子元素后
"); el.insertAdjacentHTML('afterEnd', "
4 元素后

");
// 插入之后 ...

1 元素前

2 子元素前

3 子元素后

4 元素后

... ```
```

10.3.3　删除节点

removeChild

该方法从 DOM 树中删除一个节点，返回被删除的节点。

语法：

```
js parentNode.removeChild(node);
```

示例代码：

```
let el = document.getElementById("test");

el.parentNode.removeChild(el);
```
```

### 10.3.4　修改节点

replaceChild

用指定的节点替换当前节点的一个子节点，并返回被替换的节点。

**语法：**

```
js Node.replaceChild(newNode, childNode);
```

示例代码：

```
// html
...
<div id="test">
    <p id="childNode"></p>
</div>
...

var newNode = document.createElement("span");

test.replaceChild(newNode, childNode);

// html
...
<div id="test">
    <span></span>
</div>
...
```

10.4　属性操作

10.4.1　getAttribute()

getAttribute() 方法返回节点上指定的属性名对应的值。

```
...
<img src="xx.png" class="img img_small" alt/>
```

用法如下。

```
let element = document.querySelector('.img');

// 获取 src 属性的值
element.getAttribute('src');  // -> "xx.png"

// 获取 class 属性的值
element.getAttribute('class');  // -> "img img_small"
```

如果指定的属性名不存在，则返回 null，代码如下。

```
element.getAttribute('id');  // -> null
```

如果指定的属性名存在但没有值，则返回空字符串，代码如下。

```
element.getAttribute('alt');  // -> ""
```

10.4.2　setAttribute()

setAttribute() 方法用于设置节点上指定的属性值为新值，如果指定的属性不存在，则将添加一个新的属性并赋值，示例如下。

```
element.setAttribute('id', 'img');

// 设置了 id 之后的 img
// <img src="xx.png" class="img img_small" alt id="img" />
```

如果指定的属性名存在但没有值，则将新值赋值给该属性，示例如下。

```
element.setAttribute('alt', '图片描述');

// 设置了 alt 之后的 img
// <img src="xx.png" class="img img_small" alt="图片描述" id="img" />
```

10.4.3　点符号

对于 Node 节点来说，大多数属性可以通过点符号来设置或修改，示例如下。

```
// 设置
element.id = '';
element.className = 'img';
element.weight = '100';
element.height = '100';

// 获取
element.id;        // -> ""
element.className;    // -> "img"
element.weight;  // -> 100
element.height;  // -> 100
```

上面的示例中，className 表示的就是 class 属性，对其设置值时会替换之前的 class 属性，因此，如果要新增一个 class 名称，就需要先获取之前的 className，并将新增的 class 名称与之前的 className 拼接在一起后赋值给 className，代码如下。

```
element.className = element.className + ' img_large';

element.className; // -> "img img_large"
如果要删除当前 class 上的某个类名，那就更加烦琐了：

element.className = element.className.replace('img_large', '');

element.className; // -> "img "
```

10.4.4　classList 属性

鉴于直接操作 className 比较烦琐且缺少语义化，HTML5 标准增加了一个只读的 classList

属性，用来简化 class 的操作，尽管 classList 属性是只读的，但可以通过其提供的一些方法来操作 className，示例如下。

```
// 新增
element.classList.add('img_small');
// 可以同时添加多个类名，另外，添加一个已存在的类名时，将会被忽略
element.classList.add('img_small', 'img_large');

// 删除
element.classList.remove('img_small');
// 同时删除多个类名
element.classList.remove('img', 'img_large');

// 如果包含某个类名，则返回 true，否则，返回 false
element.classList.contains('img_small'); // -> false
element.classList.contains('img'); // -> true

// 切换，返回 true，表示从 className 中添加了某个类名，返回 false，表示删除了某个类名
element.classList.toggle('img_small'); // -> true
element.classList.toggle('img_small'); // -> false
```

10.5　内容操作

节点的内容操作比较简单，假设有如下一段代码。

```
...
<div>
    <p class="p"><span>内容</span></p>
</div>
```

我们来看一下操作节点的方法，具体如下。

```
let element = document.querySelector('.p');

// 获取节点的内容，返回其内部元素的 html 片段
element.innerHTML; // -> "<span>内容</span>"

// 设置节点内容，设置其内部元素的 html 片段
element.innerHTML = "<a>链接</a>"; // -> "<a>链接</a>"

// 获取节点内容（包含节点自身），设置其内部元素的 html 片段
element.outerHTML; // -> "<p class="p"><a>链接</a></p>"

// 设置节点内容(包含节点自身)
element.outerHTML = '<div class="p"><a>链接</a></div>'; // -> "<div
class="p"><a>链接</a></div>"
```

使用 outerHTML，节点本身被替换，从页面中消失，但依然位于内存中，因此，需要重新获取 element，代码如下。

```
element = document.querySelector('.p');
```

现在，我们来看一下文本操作的方法，代码如下。

```
// 获取文本内容
element.textContent; // -> 链接
```

```
// 设置文本内容
element.textContent = '内容'
element.innerHTML; // -> "内容"
```

element.textContent 设置节点的文本内容时，会将节点中的 HTML 清空，因此，上面的示例中，element.textContent 被设置为 '内容' 后，其中的 a 标签也会消失。

上面的示例中看起来 element.textContent 的功能与 element.innerHTML 相同，设置了什么值，节点内部就会变成对应的值，但其实 element.textContent 是不能用来设置 HTML 片段的，它会将其中的 HTML 代码转义，示例如下。

```
element.textContent = '<a>链接</a>';

element.innerHTML; // -> "&lt;a&gt;链接&lt;/a&gt;"

// 读取时，element.textContent 也会进行转义操作
element.textContent; // -> "<a>链接</a>"
```

练习

- 设置节点的 HTML 片段。
- 设置节点的文本内容。

10.6 样式操作

10.6.1 getComputedStyle()

getComputedStyle() 方法返回指定节点计算后的 CSS 属性的值，代码如下。

```
window.getComputedStyle(document.body)["display"];
```

也可以用来获取伪元素上的 CSS 属性，代码如下。

```
window.getComputedStyle(document.body , ":after")[display];
```

10.6.2 设置 CSS 样式

一般情况下，我们是通过类名来控制样式的，但也可以利用 style 属性直接对节点上的样式进行设置，代码如下。

```
// 设置属性
element.style.display = 'none';

// 获取属性值
element.style.display; // -> "none"
```

如果属性名是连字符形式的，例如 font-size，需要转换成驼峰式来操作，代码如下。

```
 js element.style.fontSize = '12px';
```

第 11 章

事件

本章内容

事件就是用户与 Web 应用之间交互时的操作，用户单击了一个按钮，就产生了一个事件，这个事件就是单击事件，此事件会被浏览器分派给相应的事件处理程序。本章将介绍 Web 应用中的事件，希望阅读本章后，你能够熟练地使用事件操作系统。

11.1 事件处理

传统上，JavaScript 脚本通常与 HTML 标签内联在一起。例如，以下是在 HTML 中注册 JavaScript 事件处理程序的典型方式。

```
<p onclick="handleClick()">段落</p>
```

HTML 标签的主要作用是描述页面文章的结构，而不是网页控制行为。这两者内联在一起会对网站的可维护性造成影响，使网站变得难以维护。

这时就需要非侵入式编程方案了，而不是像上面那样直接在 HTML 标签中添加事件，我们可以为相关的节点元素添加一个特定的类名或 id，以便于为该元素添加事件。可以通过 on + 事件名称为元素添加事件监听，示例如下。

```
<p class="">段落</p>

<script>
let element = document.querySelector('p');

// 添加事件
element.onclick = handleClick;

function handleClick(){};
</script>
```

通过 on + 事件名称添加的事件监听可以通过指定事件为 null 来移除，示例如下。

```
// 移除事件
element.onclick = null;
```

但这种方式只能为一个元素添加一个事件监听，并且后添加的事件监听会覆盖之前添加的事件监听，如果我们想为一个元素同时添加多个事件监听，通过 on + 事件名称这种方式就显得比较无力了。

11.1.1 addEventListener()

好在有 addEventListener()，addEventListener() 方法将指定的事件监听添加到元素上，当该事件上触发相应的事件时，会执行该事件监听函数。

语法：

```
js Node.addEventListener(eventName, handle[, options])
```

eventName 表示事件名称；handle 表示事件监听函数。

以上面添加的 click 事件为例，使用 addEventListener() 方法的示例如下。

```
let element = document.querySelector('.p');

element.addEventListener("click", function(){
    console.log(1);
})

element.addEventListener("click", function(){
    console.log(2);
```

```
    })
```

此时再单击 p 标签，控制台会依次输出 1 和 2，这表示为 p 标签添加的两个事件都是有效的，并没有出现后添加的事件覆盖前一个事件的情况。

options 是一个可选参数，可以是一个对象，也可以是一个布尔值。

当 options 是一个对象时，有如下 3 个可选参数。

- options.capture
- options.once
- options.passive

options.capture 接收一个布尔值，表示 handle 会在该类型的事件捕获阶段传播到该 EventTarget 时触发，true 表示事件在捕获阶段执行，false 表示事件在冒泡阶段执行，默认为 false。关于事件冒泡与事件捕获，我们会在下一节中讲到，这里主要讲解 once 和 passive。

once 接收一个布尔值，表示 handle 是否最多只调用一次，如果是 true， handle 会在其被调用之后自动移除，为 false 时则在其被调用之后不会移除，默认为 false，示例代码如下。

```
let element = document.querySelector('.p');

element.addEventListener("click", function(){
    console.log('once');
}, {once: false })
```

在单击 p 标签时，只有第一次的单击会在控制台输出 once，之后再单击 p 标签时不会输出。

passive 也是接收一个布尔值，表示 handle 是否忽略掉 preventDefault()，默认为 false，表示不忽略。如果为 true， handle 仍然调用了这个函数，客户端将会忽略它并抛出一个控制台警告，示例如下。

```
let element = document.querySelector('.p');

element.addEventListener("click", function(event){
    // 将忽略掉 event.preventDefault()，不会阻止默认行为
    event.preventDefault();
    console.log('passive');
}, {passive: true })
```

上述代码在浏览器中并不会报错，而是先抛出警告 Unable to preventDefault inside passive event listener invocation，之后输出 passive。

那么 passive 有什么用呢？由于浏览器必须要在执行事件处理函数之后，才能知道有没有调用 preventDefault()，这就导致浏览器需要等待事件完成才能确定是否调用了 preventDefault()，从而使浏览器产生延迟。所以为了减少等待时间，提高页面滚动流畅度，Chrome56 将 touchstart() 和 touchmove() 事件处理程序的 passive 默认为 true。

当 options 是布尔值时，等同于上述的 options.capture。

11.1.2　removeEventListener()

removeEventListener() 方法用来删除使用 addEventListener() 方法添加的事件监听。

语法：

```
js Node.removeEventListener(eventName, handle[, capture])
```

指定需要移除的 handle 函数是否为事件捕获。如果无此参数，默认值为 false，如果同一个监听事件分别为“事件捕获”和“事件冒泡”注册了一次，一共两次，这两次事件需要分别移除，两者不会互相干扰，示例如下。

```
let element = document.querySelector('.p');

let listener = function (event) {
  console.log(1);
};

// 添加事件
element.addEventListener('click', listener, false);

// 无效的移除事件
element.removeEventListener('click', listener, true);

// 移除事件
element.removeEventListener('click', listener, false);
```

11.2 事件流

事件流描述了事件在文档中的传播行为，即事件是如何到达目标的。

DOM2 级的事件流分为 3 个阶段：

- 事件捕获：事件目标节点向 Document 传播，为载取事件提供机会。
- 目标阶段：事件到达目标节点，并被目标节点处理。
- 事件冒泡：事件从文档最深处的节点向目标节点传播。

```
<html>
<!DOCTYPE html>
<head>
<title>Examples</title>
</head>
<body>
    <div>
        <p> 段落 </p>
    </div>
</body>
</html>
```

当单击 p 标签时，首先发生事件捕获，其传播顺序为：

```
```js
document
html
body
div
p
```
```

到达目标节点后，发生事件冒泡，事件流的传播顺序为：

````
```js
p
div
body
html
document
```
````

IE9、Firefox、Chrome、Safari 会将事件一直冒泡到 window 对象，捕获事件也是从 window 开始的。

## 11.3　事件对象与事件类型

当事件被触发时会产生一个事件对象，该对象包含所有与事件有关的信息。

事件对象通常是以下构造函数的实例（不同浏览器可能有自己的事件类型，以下是标准的事件类型构造函数）。

- MouseEvent
- AnimationEvent
- TouchEvent
- FocusEvent
- UIEvent
- ProgressEvent
- Event
- AudioProcessingEvent
- BeforeUnloadEvent
- TimeEvent
- IDBVersionChangeEvent
- SpeechSynthesisEvent
- OfflineAudioCompletionEvent
- CompositionEvent
- ClipboardEvent
- DeviceLightEvent
- DeviceMotionEvent
- DeviceOrientationEvent
- DeviceProximityEvent
- MutationEvent
- DragEvent
- GamepadEvent

- HashChangeEvent
- PointerEvent
- KeyboardEvent
- MessageEvent
- PageTransitionEvent
- PopStateEvent
- StorageEvent
- SVGEvent
- SVGZoomEvent
- TransitionEvent
- SensorEvent
- WheelEvent

以一个 click 事件为例，代码如下。

```
    ```js document.addEventListener('click',function(event){ console.log(event)
}, false);
    // 触发事件后
    =>
    {
    altKey:false, // 当事件被触发时，Alt 键是否被按下
    bubbles:true, // 表示事件是否是冒泡事件类型
    button:0, // 当事件被触发时，哪个鼠标按钮被单击，0- 鼠标左键，1- 鼠标中键，2- 鼠标右键
    buttons:0, // 多个鼠标按钮被按下，0- 没有按键或者没有初始化，1- 鼠标左键，2- 鼠标右键，4- 鼠标滚轮或者中键，8- 第四按键 （通常是 " 浏览器后退 " 按键），16- 第五按键 （通常是 " 浏览器前进 "）
    cancelBubble:false, // 设置为 true 可取消冒泡
    cancelable:true, // 表示是否取消了默认动作
    clientX:70, // 当事件被触发时，鼠标指针相对于浏览器窗口的水平坐标
    clientY:15, // 当事件被触发时，鼠标指针相对于浏览器窗口的垂直坐标
    composed:true, // 表示该事件是否可以从 Shadow DOM 传递到一般的 DOM
    ctrlKey:false, // 当事件被触发时，Ctrl 键是否被按下
    currentTarget:null, // 事件监听器触发该事件的元素，其实这里是有值的，console.log 一个对象时，log 没有包含对象的所有属性，它只包含了对这个对象的引用，当你单击展开时，它才会给你找那个对象的属性，而此时 currentTarget 已经被重置为 null
    defaultPrevented:false, // 表示当前事件的默认动作是否被取消，即是否执行了 event.preventDefault() 方法
    eventPhase:0, // 事件传播的当前阶段
    fromElement:null, // 移出鼠标的元素
    toElement:div#test, // 移入鼠标的元素
    isTrusted:true, // 表示当前事件是否由用户行为触发
    metaKey:false, // 当事件被触发时，META 键是否被按下
    movementX:0, // 当前事件和上一个 mousemove 事件之间，鼠标在水平方向上的移动值
    movementY:0, // 当前事件和上一个 mousemove 事件之间，鼠标在垂直方向上的移动值
    offsetX:62, // 当事件被触发时，鼠标指针相对于事件源 (srcElement) 的水平坐标
    offsetY:7, // 当事件被触发时，鼠标指针相对于事件源 (srcElement) 的垂直坐标
    pageX:70, // 当事件被触发时，鼠标指针相对于页面文档的水平坐标
    pageY:15, // 当事件被触发时，鼠标指针相对于页面文档的垂直坐标
    path:(5) [div#test, body, html, document, Window],
    relatedTarget:null, // 与事件的目标节点相关的节点
    returnValue:true, // 表示此事件的默认操作是否已被阻止
    screenX:70, // 当事件被触发时，鼠标指针相对于屏幕的水平坐标
```
```

```
    screenY:81, // 当事件被触发时，鼠标指针相对于屏幕的垂直坐标
    shiftKey:false, // 当事件被触发时，Shift 键是否被按下 sourceCapabilities:InputDev
iceCapabilities {firesTouchEvents: false},
    srcElement:div#test, // 事件源对象（IE，等同于 target）
    target:div#test, // 触发时间的对象
    timeStamp:1171.305, // 事件创建时的时间戳
    type:"click", // 事件名称
    view:Window {stop: ƒ, open: ƒ, alert: ƒ, confirm: ƒ, prompt: ƒ, …},
    which:1, // 按下鼠标的哪个按钮触发的事件，0- 没有按钮，1- 鼠标左键，2- 鼠标中键，3- 鼠标
右键
    x:70, // 相当于 clientX
    y:15 // 相当于 clientY
    } ```
```

## 11.3.1　阻止默认行为

preventDefault() 用来阻止默认行为，例如表单提交、页面跳转等，示例如下。

```
...
<a href="#"> 连接 </a>

<script>
let element = document.querySelector('a');

element.addEventListener("click", function(event){
  // 阻止 a 标签的默认跳转行为
  event.preventDefault();
})
</script>
```

## 11.3.2　阻止事件冒泡

如果只希望事件发生在目标元素，而不想它传播到祖先元素上去，就需要利用 stopPropagation() 阻止事件冒泡，示例如下。

```
<!DOCTYPE html>
<html>
<head>
<title>Examples</title>
</head>
<body>
    <div>
      <p> 段落 </p>
    </div>
    <script>
    let p   = document.querySelector('p');
    let div = document.querySelector('div');

    p.addEventListener("click", function(event){
      console.log('p')
    })

    div.addEventListener("click", function(event){
      console.log('div')
```

```
    })
    </script>
</body>
</html>
```

上面的示例中，如果不阻止 p 上的事件冒泡，在单击 p 标签时，不仅会触发 p 上的事件监听函数，还会触发 div 上的事件监听函数，因此，控制台会输出 p 和 div。要解决这一点，可以给 p 的事件监听函数加上 stopPropagation()，以阻止事件向上传递，示例如下。

```
p.addEventListener("click", function(event){
  // 阻止事件冒泡
  event.stopPropagation();
  console.log('p')
})
```

练习

- 阻止表单的默认提交行为。

### 11.3.3 事件委托

如何不阻止事件冒泡，那么事件会向上传递，利用这一点可以实现事件委托，即将节点上的事件委托到其父辈节点上。

事件委托通常用来处理子节点事件分发和动态节点的事件监听。

例如有这样一段代码：

```
```html
<ul>
  <li id="li0">0</li>
  <li id="li1">1</li>
  <li id="li2">2</li>
</ul>
```
```

如果不同节点有不同的事件监听函数，那么就需要这样做：

```
```js
let li0 = document.getElementById("li0");
let li1 = document.getElementById("li1");
let li2 = document.getElementById("li2");
li0.onclick = function() {
  location.href = "https://www.baidu.com/";
};
li1.onclick = function() {
  location.href = "https://www.google.com/";
};
li2.onclick = function() {
  location.href = "https://bing.com/";
};
document.
```
```

而如何采用事件委托，就可以将以上代码精简并提高可读性：

````
```js
document.addEventListener("click", function (event) {
  let target = event.target;
  switch (target.id) {
    case "li0":
      location.href = "https://www.baidu.com/";
      break;
    case "li1":
      location.href = "https://www.google.com/";
      break;
    case "li2":
      location.href = "https://bing.com/";
      break;
  }
})
```
````

事件监听函数无法对不在 DOM 树中的节点进行事件监听，因此动态增加的节点就会缺少事件监听，当需要为其添加事件监听函数时，可以利用事件委托，将事件监听函数绑定在其父辈节点上，利用 event.target 来判断事件发生的节点。

**练习**

- 阻止表单的默认提交行为。

## 11.4 自定义事件

自定义事件相当于观察者模式，可以将复杂的代码逻辑解耦，创建一个自定义事件的方式很简单，代码如下。

```
let event_build = new Event("build");
```

自定义事件的添加与删除与普通事件无异，示例如下。

```
let element = document.querySelector('p');

// 添加事件监听
element.addEventListener("build", function (event) {
   console.log("build");
});
```

自定义事件需要手动调用 dispatchEvent 以触发事件，示例如下。

```
// 触发 build 事件
element.dispatchEvent(event_build);
```

上述代码执行后，会在控制台输出 build。

如果要对事件对象添加数据，可以通过构造函数 CustomEvent 实现，要注意的是，添加数据的属性名必须为 detail，不能为其他值，示例如下。

```
let element = document.querySelector('p');

let event_build = new CustomEvent("build", { "detail": "xxx" });

element.addEventListener("build", function (event) {
```

```
    // 通过 event.info 获取添加的数据
    console.log(event.info);
});

element.dispatchEvent(event_build);

// > "xxx"
```

### 练习

- 创建自定义事件并触发该事件。
- 向自定义事件的事件对象上添加数据。

# 第 12 章

## *Ajax*

本章内容

Ajax 的全称为 Asynchronous JavaScript and XML（异步 JavaScript 和 XML），是一种创建交互式网页应用的网页开发技术。

借助 Ajax，Web 应用可以与服务器后台进行数据交换，使网页实现异步更新，而不会干扰现有页面的显示和行为。这意味着我们可以利用 Ajax 动态更改 Web 页面的内容，在不重新加载整个网页的情况下，对网页的某一部分进行更新，而无须重新加载整个页面。

由于 JSON 脱胎于 JavaScript 的优势，因此，在与服务器进行数据交换时，通常采用 JSON 格式的数据，但 Ajax 也支持 XML、HTML、arraybuffer、blob 和 纯文本的数据格式。

本章将介绍如何使用 Ajax，希望阅读本章后，你能够熟练地使用 Ajax 进行数据交换。

# 12.1 Ajax 简介

## 12.1.1 XMLHttpRequest

Ajax 技术的核心是 XMLHttpRequest 对象（req），XMLHttpRequest 最初是由微软公司的开发人员创建的，后来被其引入 IE7，之后其他浏览器厂商提供了相同的实现效果。req 对象为浏览器与服务器之间数据的传输提供了一组对象形式的 API，能够以异步或同步的方式从服务器获取数据并向服务器提交数据。

创建的 req 实例如下。

```
let req = new XMLHttpRequest();
```

### 1. open()

在使用 req 对象时，要调用的第一个方法是 open()，如下所示。

```
req.open(type, url, sync);
```

type 表示请求方式，如 "GET"，不区分大小写，但通常使用大写，HTTP 请求可以使用多种请求方式，具体如下。

- GET：请求指定的页面信息，并返回实体主体。
- POST：向指定资源提交数据进行处理请求（例如提交表单或者上传文件），数据被包含在请求体中，POST 请求可能会导致新资源的建立和 / 或已有资源的修改。
- HEAD：类似于 get 请求，只不过返回的响应中没有具体的内容，用于获取报头。
- PUT：从客户端向服务器传送的数据取代指定的文档内容。
- DELETE：请求服务器删除指定的页面。
- CONNECT：HTTP/1.1 协议中预留给能够将连接改为管道方式的代理服务器。
- OPTIONS：允许客户端查看服务器的性能。
- TRACE：回显服务器收到的请求，主要用于测试或诊断。

url 则表示请求的资源地址，以获取 github 上语言为 JavaScript 的仓库 stars 数降序排列为例，示例代码如下。

```
let req = new XMLHttpRequest();
let url = "https://api.github.com/search/repositories?q=language:javascript&sort=stars";

req.open('GET', url);
```

执行上面的代码，你会发现在浏览器中似乎什么也没发生。是的，以上代码仅是创建一个请求，如需将这个请求发送到服务端，需要调用相应的方法。

sync 接收一个布尔值作为参数，当其值为 true 时，表示请求是同步的，false 表示请求为异步的，默认为 false。

我们知道 JavaScript 是单线程的，这就决定了它的代码在执行时会阻塞其他代码的执行，同步指的就是这种会阻塞其他代码执行的代码，例如，我们发送了两个同步的 Ajax 请求，当第一个 Ajax 被发送后，JavaScript 引擎的主线程会等待服务端做出相应，当收到相应内容时，这个 Ajax 请求的代码才算执行完毕。此时，第二个 Ajax 请求才会被发送，但浏览器并不是单线程的，JavaScript 引擎会将异步任务丢进主线程之外的任务队列中，当主线程的代码执行完毕时，任务队列中的异步任务才会进入主线程中执行。例如，我们发送了两个异步的 Ajax 请求，当第一个 Ajax 被发送后，JavaScript 引擎的主线程不会等待服务端做出响应，而是直接执行第二个 Ajax 请求，当其中任意一个请求收到相应内容时，则尝试将其从任务队列中转到主线程中执行。

### 2. 监听事件

在 DOM 中，我们给一个节点添加事件监听，例如 click 事件，当我们单击该节点时，被添加的事件监听函数就会被执行，此时即可在事件监听函数中进行相关的操作，而如果先单击该节点，再给该节点添加事件监听，那么，被添加的事件监听函数就不会被执行。

Ajax 请求也一样，需要在触发相应的操作前，即将请求发送至服务器前，为其添加事件监听，这样，即可通过被添加的事件监听函数获取 Ajax 的相关信息了，示例如下。

```
req.onloadstart = function() {
  console.log('资源开始加载');
};

req.onprogress = function() {
  console.log('资源加载中');
};

req.onabort = function() {
  console.log("资源加载被中止");
};

req.onerror = function() {
  console.log("资源加载错误");
};

req.onload = function() {
  console.log('资源加载完成');
};

req.ontimeout  = function() {
  console.log("资源加载超时");
};

req.onloadend = function() {
  // error、load、timeout 会触发此事件
  console.log('资源结束加载');
};
```

既然是事件监听，上面的监听函数也可以改成如下代码。

```
req.addEventListener("loadstart", function(){});
req.addEventListener("progress", function(){});
req.addEventListener("abort", function(){});
req.addEventListener("error", function(){});
req.addEventListener("load", function(){});
```

```
req.addEventListener("timeout", function(){});
req.addEventListener("loadend", function(){});
```

### 3. send()

send() 方法接收一个参数，即要作为请求主体发送的数据。调用 send() 方法后，请求将被发送到服务器，该方法调用后会触发相应的监听事件，示例如下。

```
req.addEventListener("load", function(res){
  console.log(res);
});

req.send();
```

在上述代码中，调用 send() 方法后，服务器返回了一段 JSON 格式的数据，此时将会触发 load 事件，因此，上述代码会在控制台输出服务器返回的数据，代码如下。

```
{
  total_count: 5356099,
  item:[{
    id:28457823,
    name:'freeCodeCamp',
    ...
  },{
    id:10270250,
    name:'react',
    ...
  },...,{
    ...
  }],
  incomplete_results: false
}
```

GET 方法，send() 方法不需要参数，也可以设置参数为 null，如果是 POST 方法，send() 方法的参数为要发送的数据，代码如下。

```
let req = new XMLHttpRequest();

req.open('POST', 'httsp://xxx.com');

// POST 需要设置请求头
req.setRequestHeader("Content-type","application/x-www-form-urlencoded;
charset=UTF-8");

req.send('name=js&age=1');
```

### 4. 文件上传

使用表单和 FormData 对象可以很轻松地实现文件的上传，示例如下。

```
...
<body>
<form enctype="multipart/form-data" method="post">
  <input type="file" name="file" required />
  <input type="submit" value="上传文件" />
</form>
<script>
```

```
let form = document.forms[0];

form.addEventListener('submit', function(event) {
  event.preventDefault();

  let req = new XMLHttpRequest();
  req.open("POST", "https://xxx.com/upload");
  req.send(new FormData(form));
});
</script>
</body>
...
```

## 12.1.2　Fetch

Fetch API 提供了一个 JavaScript 接口，用于处理 HTTP 请求，该方法简化了从指定 URL 处获取资源的操作，Fetch 返回一个 Promise 对象。

**语法：**

```
js fetch(url,[options]);
```

options 为可选：- method: 请求使用的方法，如 GET、POST ；- headers: 请求的头信息，形式为 Headers 的对象或包含 ByteString 值的对象字面量 ；- body: 请求的 body 信息：可能是一个 Blob、BufferSource、FormData、URLSearchParams 或者 USVString 对象，注意 GET 或 HEAD 方法的请求不能包含 body 信息；- mode: 请求的模式，如 cors、no-cors 或者 same-origin ； -credentials: 请求的 credentials，如 omit、same-origin 或者 include。为了在当前域名内自动发送 cookie ，必须提供这个选项，从 Chrome 50 开始，这个属性也可以接收 FederatedCredential 实例或是一个 PasswordCredential 实例；- cache: 请求的 cache 模式 : default 、no-store 、reload 、no-cache 、force-cache 或者 only-if-cached - redirect: 可用的 redirect 模式 : follow ( 自动重定向 ), error ( 如果产生重定向将自动终止并且抛出一个错误 ), 或者 manual ( 手动处理重定向 )。在 Chrome 中，Chrome 47 之前的默认值是 follow，从 Chrome 47 开始是 manual；- referrer: 一个 USVString 可以是 no-referrer、client 或一个 URL，默认是 client；- referrerPolicy: Specifies the value of the referer HTTP header. May be one of no-referrer、no-referrer-when-downgrade、origin、origin-when-cross-origin、unsafe-url - integrity: 包括请求的 subresource integrity 值。

**示例代码：**

```
  ```js fetch("url").then(function(response) { return response.json();
}).then(function(data) { console.log(data); }).catch(function(error) { console.
log(error.message); });

  fetch("url",{ method: 'GET', headers: new Headers(), mode: 'cors',
cache: 'default' }) .then(function(response) { return response.json();
}).then(function(data) { console.log(data); }).catch(function(error) { console.
log(error.message); }); ```
```

Fetch 请求默认是不带 cookie 的，需要设置 fetch(url, {credentials: 'include'})。
```

# 12.2 HTTP

HTTP（超文本传输）是一种获取网络资源的协议，例如获取一个 HTML 页面、一张图片、一个 js 文件，都需要遵守这个协议，HTTP 协议是 Web 上数据交换的基础。

## 12.2.1 客户端、服务端

客户端通常是一个浏览器，当输入 URL 时，浏览器发起第一个请求以获取 HTML 文档，服务端收到请求后，生成相应的 HTML 文档，返回给浏览器，浏览器解析返回的 HTML 文档，并根据文档中的资源信息发送其他的请求获取这些资源，例如 css 文件、js 脚本、图片等，浏览器根据这些资源绘制页面。

**页面展现流程**

① 解析 HTML 构建 DOM 树（Parsing HTML to construct the DOM tree ）。

② 解析 CSS，根据 CSS 选择器计算出的样式构建渲染树（Render tree construction）。

③ 布局渲染树（Layout of the render tree）。

④ 绘制渲染树（Painting the render tree）。

## 12.2.2 代理服务器

在浏览器和服务器之间可能存在代理服务器，代理服务器主要有以下几个作用。

- 缓存功能，提高访问速度。
- 过滤（例如反病毒扫描、家长监护）。
- 负载均衡，让多台服务器服务不同的请求。
- 对不同资源的权限控制。
- 登录，允许存储历史信息。

## 12.2.3 HTTP 是无状态，有会话的

HTTP 协议是无状态的，在同一个连接中，两个成功执行的请求之间是没有关系的。对服务器来说，它并不知道这两个请求来自同一个连接，为了解决这个问题，可以使用 cookie 以及 session 创建有状态的会话，也可以在请求头中添加 token 来解决这个问题，示例如下。

```
let request = new XMLHttpRequest();
request.open('GET', '', true);
request.setRequestHeader('Authorization','')
request.send();
```

## 12.2.4　HTTP 流

一个客户端与服务器的数据交换流程如下。

① 打开一个 TCP 连接（或者重用之前的一个）：TCP 连接用来发送一条或多条请求，当然也用来接收回应消息。客户端可能重用一个已经存在的连接，或者也可能重开几个新的与服务端的 TCP 连接。

② 发送一个 HTTP 报文：HTTP 报文（在 HTTP/2 之前）是语义可读的。在 HTTP/2 中，这些简单的消息被封装在帧中，这使报文不可能被直接读出来，但是规则仍旧是相同的。

示例如下。

```
GET / HTTP/1.1
Host: developer.mozilla.org
Accept-Language: fr
```

③ 读取服务端返回的报文，示例如下。

```
    js HTTP/1.1 200 OK Date: Sat, 09 Oct 2010 14:28:02 GMT Server: Apache Last-
Modified: Tue, 01 Dec 2009 20:18:22 GMT ETag: "51142bc1-7449-479b075b2891b"
Accept-Ranges: bytes Content-Length: 29769 Content-Type: text/html <!DOCTYPE
html... )
```

④ 关闭连接或者为以后的请求重用连接。

HTTP 报文有两种类型——请求与回应。

### 请求报文

示例如下。

```
    js GET / HTTP/1.1 Host: 127.0.0.1 Connection: keep-alive Pragma: no-cache
Cache-Control: no-cache Upgrade-Insecure-Requests: 1 User-Agent: Mozilla/5.0
(iPhone; CPU iPhone OS 9_1 like Mac OS X) AppleWebKit/601.1.46 (KHTML, like
Gecko) Version/9.0 Mobile/13B143 Safari/601.1 Accept: text/html,application/
xhtml+xml,application/xml;q=0.9,image/webp,*/*;q=0.8 Accept-Encoding: gzip,
deflate, sdch Accept-Language: zh-CN,zh;q=0.8
```

第一行 GET / HTTP/1.1 分别为请求方法、资源路径、HTTP 协议版本号，之后为 Headers。

### 回应报文

````
    ```js HTTP/1.1 200 OK Server: nginx/1.6.2 Date: Mon, 07 Sep 2015 07:37:37
GMT Content-Type: text/html Last-Modified: Mon, 07 Sep 2015 07:18:00 GMT
Transfer-Encoding: chunked Connection: keep-alive Vary: Accept-Encoding Content-
Encoding: gzip
    <!DOCTYPE html... ) ```
````

第一行 HTTP/1.1 200 OK 分别代表 HTTP 协议版本号、状态码、状态码信息，之后为 Headers。然后会有一个空行，空行之后即为响应的 body 了。

HTTP 协议定义了很多与服务器交互的方法，最基本的有 4 种，分别是 GET、POST、PUT、DELETE。一个 URL 地址用于描述一个网络上的资源，而 HTTP 中的 GET、POST、PUT、DELETE 就对应着对这个资源的查、改、增、删 4 个操作。我们最常见的就是 GET 和
````

POST 了。GET 一般用于获取 / 查询资源信息，而 POST 一般用于更新资源信息。

## 12.2.5 http1.0 的问题

http1.0 最引人诟病的是连接无法复用及线头阻塞。

连接无法复用直接导致每次请求都需要经历 3 次握手和慢启动，3 次握手在高延迟下影响效果非常明显。慢启动则对大文件类请求影响较大，尽管可以通过设置 Connection:Keep-Alive 来复用短时间内的连接，但依然处理不了时间跨度比较大的请求。

线头阻塞即在 http1.0 中，请求是按顺序处理的，这就导致如果前一个请求耗时严重或者出错时，后续的请求都会受到影响。

### 1. http2 协议

http2 是一个二进制协议，基于二进制的 http2 可以使帧的使用变得更便捷。

http2 规范一共定义了 10 种不同的帧，每种类型都有一个唯一的 8 字节类型编码。在整个 TCP 连接或者各个独立的流的建立和管理过程中，每种类型的帧都为特定的目的而服务，其中最基础的两种分别对应于 http 1.1 的 DATA 和 HEADERS。

### 2. 多路复用的流

http2 连接上传输的每个帧都关联到一个“流”，一个流处理完毕，这个流的生命周期完结。

每个单独的 http2 连接都可以包含多个并发的流，这些流中交错地包含着来自两端的帧。流既可以被客户端 / 服务器端单方面地建立和使用，也可以被双方共享，或者被任意一方关闭。在流中每一帧发送的顺序非常关键，接收方会按照收到帧的顺序进行处理。

### 3. 优先级和依赖性

每个流都包含一个优先级（也就是“权重”），它被用来告诉对端哪个流更重要。当资源有限的时候，服务器会根据优先级来选择应该先发送哪些流。

### 4. 头部压缩

在 http1.1 中，状态行和头部是没有经过任何压缩的，而是直接以纯文本传输，当页面请求资源的个数上升时，cookies 和请求的大小都会增加，而每个请求都会包含的 cookie 几乎是相同的，这就造成资源的额外浪费。

### 5. 重置

在 http1.1 中，HTTP 消息一旦送出就很难中断，在 http2 中，可以通过发送 RST_STREAM 帧来中断 HTTP 消息，从而避免浪费带宽和中断 TCP 连接（可以通过切断 TCP 连接来中断 HTTP 消息）。

#### 6. 服务器推送

即在客户端需要某些资源的情况下，在客户端请求发送前，服务端提前把这些资源推送到客户端缓存起来，当用户需要这些资源时，可以有效地减少网络请求所耗费的时间。

#### 7. 流量控制

http2 上每个流都拥有自己的公示流量窗口，它可以限制另一端发送数据，流量控制的目的是在流量窗口初始值的约束下，给予接收端以全权，控制当下想要接收的流量大小。

# 12.4 跨域

## 12.4.1 浏览器的同源策略

同源定义：如果两个页面拥有相同的协议（protocol）、端口（如果指定）和主机，那么这两个页面就属于同一个源（origin）。

以下是同源检测的示例。

```
    | URL | 结果 | 原因 | | --|--|--| | http://store.company.com/dir2/other.html
| Success | | | http://store.company.com/dir/inner/another.html| Success | |
| https://store.company.com/secure.html| Failure | 协议不同 | | http://store.
company.com:81/dir/etc.html | Failure| 端口不同 | | http://news.company.com/dir/
other.html | Failure | 主机不同 |
```

## 12.4.2 jsonp

script 标签是不受同源策略影响的，它可以引入来自任何地方的 js 文件。 而 jsonp 的原理就是，在客户端和服务端定义一个函数，当客户端发起一个请求时，服务端返回一段 javascript 代码，其中调用了在客户端定义的函数，并将相应的数据作为参数传入该函数，示例如下。

```
    js function jsonp_cb(data) { console.log(data); } function ajax(){ let
url = "http://xx.com/test.php?jsonp_callback=jsonp_cb"; let script = document.
createElement('script');
   // 发送请求 script.src = url; document.head.appendChild(script); } ajax() 服务
端获取到 jsonpcallback 传递的函数名 jsonpcb，返回一段对该函数调用的 js 代码
   jsonp_cb({
      "name": "story"
   });
```

## 12.4.3 img ping

img 标签也是没有跨域限制的，但它只能用来发送 GET 请求，且无法获取服务端的响应文本，

可以利用它实现一些简单的、单向的跨域通信，例如，跟踪用户的操作，示例如下。

```
let img = new Image();
img.onload = function(){
    console.log('done')
    img.onload = null;
    img = null;
}
img.src = "http://xx/xx.gif"
```

## 12.4.4 window.name

window 对象拥有 name 属性，它有一个特点：相同协议下，在一个页面中不随 URL 的改变而改变，示例如下。

```
window.name = 'string' // 字符串，一般允许的最大值为 2MB
console.log(window.name)
location = 'http://example.com/'
```

此时，在控制台输入 window.name，结果依然是 "string"，示例如下。

```
window.name // "string"
window.name 的值只能是字符串，任何其他类型的值都会“转化”为字符串
```

例如：

```
window.name = function(){}
console.log(window.name)
// "function(){}"
```

通过 window.name 实现跨域也很简单，iframe 拥有 contentWindow 属性，其指向该 iframe 的 window 对象的引用，如果在 iframe 的 src 指向的页面中设置 window.name 值，那么就可以通过 iframe.contentWindow.name 得到这个值了，示例如下。

```
let url = "http://example.com/lab/windowName";
let iframe = document.createElement('iframe')
iframe.onload = function(){
    let data = iframe.contentWindow.name
    console.log(data)
}
iframe.src = url
document.body.appendChild(iframe)
```

然而，Chrome 会提示你跨域了！ 而我们已经知道 window.name 不随 URL 的改变而改变。也就是说，onload 时已经获取到了 name，只不过因为不同源，当前页面的脚本无法拿到 iframe.contentWindow.name，此时只需要把 iframe.src 改为同源即可，示例如下。

```
let url = "http://example.com/lab/windowName";
let iframe = document.createElement('iframe')
iframe.onload = function(){
    iframe.src = 'favicon.ico';
    let data = iframe.contentWindow.name
    console.log(data)
}
iframe.src = url
document.body.appendChild(iframe)
```

刷新页面。你会发现 iframe 不断刷新，这是因为每次 onload，iframe 的 src 都被修改，然后再次触发 onload，从而导致 iframe 循环刷新，修改如下代码即可。

```
let url = "http://example.com/lab/windowName";
let iframe = document.createElement('iframe')
let state = true;
iframe.onload = function(){
    if(state === true){
        iframe.src = 'favicon.ico';
        state = false;
    }else if(state === false){
        state = null
        let data = iframe.contentWindow.name
        console.log(data)
    }
}
iframe.src = url
document.body.appendChild(iframe)
```

上面请求的是一个静态页面，而服务端通常需要的是动态数据，示例如下。

```
echo '<script> window.name = "{\"name\":\"story\"}"</script>';
```

### 12.4.5 postMessage

postMessage 允许不同源之间的脚本进行通信，代码如下。

```
otherWindow.postMessage(message, targetOrigin);
```

otherWindow 引用窗口 iframe.contentwindow 或 window.open 返回的对象 message，为要传递的数据 targetOrigin 为目标源，示例如下。

```
javascript // http://127.0.0.1:80
let iframe = document.createElement('iframe')
iframe.onload = function(){
    let popup = iframe.contentWindow
    popup.postMessage("hello", "http://127.0.0.1:5000"); }
iframe.src = 'http://127.0.0.1:5000/lab/postMessage'
document.body.appendChild(iframe)
// 监听返回的 postMessage
window.addEventListener("message", function(event){
    if (event.origin !== "http://127.0.0.1:5000") return;
    console.log(event.data)
}, false)
// http://127.0.0.1:5000/lab/postMessage
window.addEventListener("message", function(event){
    // 验证消息来源
    if (event.origin !== "http://127.0.0.1") return;
    console.log(event.source); // 消息源 popup
    console.log(event.origin); // 消息源 URI https://secure.example.net
    console.log(event.data); // 来自消息源的数据 hello
    // 返回数据
    let message = 'world';
    event.source.postMessage(message, event.origin); }, false);
```

## 12.4.6 CORS

CORS（跨域资源共享）是一种跨域访问的机制，可以让 Ajax 实现跨域访问。它允许一个域上的脚本向另一个域提交跨域 Ajax 请求。实现此功能非常简单，只需由服务器发送一个响应标头即可，示例如下。

```
Access-Control-Allow-Origin: * // 允许来自任何域的请求
Access-Control-Allow-Origin: http://example.com/ // 仅允许来自 http://example.com/ 的请求
```

当客户端的 Ajax 请求的 url 为其他域时，对于支持 CORS 的浏览器，请求头会自动添加 Origin，值为当前 host，示例如下。

```
let req = new XMLHttpRequest();
let url = 'http://bar.other/resources/public-data/';
req.open('GET', url, true);
req.send();
```

CORS 默认不发送 cookie，如果要发送 cookie，需要设置 withCredentials，示例如下。

```
let req = new XMLHttpRequest();
req.withCredentials = true;
```

同时，服务端也要设置，代码如下。

```
Access-Control-Allow-Credentials: true
```

更多信息可以查看 MDN 关于 CORS 的介绍（https://developer.mozilla.org/zh-CN/docs/Web/HTTP/Access_control_CORS）。

# 第 13 章

## 模块和构建工具

本章内容

随着 Web 的发展，网页变得越来越复杂，各种功能的迭代也让网页变得越来越难以维护，为了解决这一问题，对于 JavaScript 模块化的需求也越来越迫切。

本章将介绍 JavaScript 中的模块化，希望阅读本章后，你能熟练地对 JavaScript 代码进行模块化编写。

# 13.1 模块

什么是模块？模块是为完成某一功能所编写的一个程序或子程序。模块是任何应用架构不可缺少的一部分，是系统中职责单一且可替换的部分。

传统开发模式的问题如下。

① 代码无法复用，导致代码重复，这就导致需求发生变化时需要修改多处代码。

② 重复的代码导致代码体积增大，影响页面加载速度。

③ 不利于多人协作，变量名冲突，例如 A 定义了一个 function log(){…}，B 也定义了 function log(){…}，这就导致调用 log 方法时不能明确知道该方法是由谁提供的。

④ 烦琐的文件依赖，如果要使用 A 的方法，就必须在使用之前引入 A 的方法，而 A 的方法又依赖 C 的方法，如此循环，为了使用 A 的方法，就需要手动、按顺序地引入相关的依赖。随着项目复杂度的升级，项目变得也更加难以维护，一不小心就会产生大问题，这也是很多项目需要重构的原因之一。

JavaScript 社区做了很多努力，以求在现有的运行环境中，实现模块化的效果。

## 13.1.1 CommonJS

CommonJS 是为了解决 JavaScript 的作用域问题而定义的模块规范，在 CommonJS 规范中，每个文件就是一个模块，其中的变量、函数等都是私有的，只能通过 module.exports 导出这些变量和函数等，通过 require 命令来导入其他模块暴露出来的变量和函数等。

创建一个模块，代码如下。

```
// example.js
module.exports = function( value ){
    return value + 1;
}
```

使用该模块，代码如下。

```
// main.js
const add = require('./example');

add(1); // -> 2
```

CommonJS 中的模块会在加载后存入内存中，之后的重复加载则是直接从内存中读取数据，并且 CommonJS 加载模块是同步的。这种方式并不是一个问题，因为所有的模块都是直接从硬盘中读取的，耗时很短，因此，Node.js 中的模块通常采用这种规范。但对于浏览器而言，CommonJS 的同步模块加载方式就不太适合了，它需要从服务器依次加载模块，一旦等待时间过长，后续的模块就可能因为超时而得不到加载，这对用户而言，显然是不友好的。因此，在浏览器端又出现了一个规范——AMD。

### 13.1.2　AMD

AMD 全称 Asynchronous Module Definition，即异步模块定义，其定义了一套 JavaScript 模块依赖异步加载标准，从而解决模块同步加载的问题。

其定义模块的方式如下。

```
define([id], [dependencies], factory);
```

其中，模块的名称 id 和依赖 dependencies 都是可选的参数，id 默认为该模块所在文件的文件名，dependencies 默认为 ["require", "exports", "module"]，factory 表示模块的工厂函数。

创建一个模块，代码如下。

```
// example.js
define(function(){
    let add = function( value ){
        return value + 1;
    }

    return {
        add
    }
})
```

使用该模块，代码如下。

```
// main.js
require(['example'], function(math) {
  example.add(1); // -> 2
})
```

### 13.1.3　CMD

CMD 全称 Common Module Definition，即通用模块定义，也是一种浏览器端的模块规范。

CMD 与 AMD 类似，主要区别在于两者对依赖的处理，AMD 需要提前加载依赖模块，而 CMD 则类似 CommonJS，对模块进行按需加载，示例如下。

```
// AMD
define(['a', 'b'], function(a, b){
    a.doSomething();
    b.doSomething();
});

// CMD
define(function(require, exports, module){
    let a = require('a');
    a.doSomething();

    let b = require('b');
    b.doSomething();
});
```

### 13.1.4 UMD

UMD 严格来说并不是一种规范，而是一种代码编写方式，其以 AMD 为基础，添加额外的处理代码来兼容 CommonJS、CMD 规范，以使一个模块能够在任何环境下正常使用，无论是在服务器、浏览器还是在其他地方。

例如下面示例。

```
(function (root, factory) {
    if (typeof define === 'function' && define.amd) {
        // AMD. Register as an anonymous module.
        define(['b'], factory);
    } else if (typeof module === 'object' && module.exports) {
        // Node. Does not work with strict CommonJS, but
        // only CommonJS-like environments that support module.exports,
        // like Node.
        module.exports = factory(require('b'));
    } else {
        // Browser globals (root is window)
        root.returnExports = factory(root.b);
    }
}(typeof self !== 'undefined' ? self : this, function (b) {
    // Use b in some fashion.

    // Just return a value to define the module export.
    // This example returns an object, but the module
    // can return a function as the exported value.
    return {};
}));
```

关于 UMD 的更多内容，可以参考官方文档（https://github.com/umdjs/umd）。

## 13.2 ES6 中的模块

在 ES6 以前，JavaScript 并不支持本地的模块，由此出现了 AMD、CMD、UMD 及 CommonJS（主要应用于 Node.js 等后端语言）等解决办法，并没有一个相对标准的规范，ES6 定义了 JavaScript 中的模块规范，成为浏览器和服务端的通用解决方案。

ES6 中的模块默认是在严格模式下运行的，无论是否有 "use strict;"。

ES6 的模块功能主要由两个关键字构成：

- export：导出一个模块。
- import：导入一个模块。

### 13.2.1 export

模块通常是一个独立的文件，其中的变量、函数或类等均为模块私有，未使用 export 关键字导出的，外部均无法访问。

**示例代码：**

```
```js // example.js function foo(){

}

export foo; export let bar = "world"; ```
```

上述代码也可以写成如下状态。

```
```js // example.js function foo(){

}

let bar = "world";

export { foo, bar }; 或： js // example.js export function foo(){

}; export let bar = "world"; ```
```

对于匿名函数，必须使用 default 关键字（default 也可用于非匿名函数），代码如下。

```
export default function () {
  console.log('foo');
}
```

## 13.2.2　import

import 关键字导入一个模块。

**示例代码：**

```
js // main.js import {foo} from './example'; 导入时对模块变量重命名： js //
main.js import {a as foo, b as bar} from './example';
```

import 可以直接加载模块中的所有导出： js import './example';。

对于匿名函数的导出，可在导出时为该匿名函数指定名称，代码如下。

```
// main.js
import foo from './example';
```

## 13.2.3　导入、导出时的重命名

export 和 import 都支持在导入或导出时对变量进行重命名，示例如下。

```
```js export { a as foo, b as bar };
import {m as foo, m as bar} from './example'; ```
```

两者也可结合使用，示例如下。

```
export {a as foo } from './example.js'
```

**练习**

- 定义一个模块。
```

• 使用一个模块。

# 13.3 构建工具

基于 Node.js，一些构建工具可以帮助我们完成前端自动化，将一些反复重复的任务，如自动刷新页面、压缩合并 CSS、JS、混淆 JS、编译（CSS 编译或 ES6+ 转 ES5）、测试等工作简化，提高工作效率。也正是基于这些工具，我们才能够放心使用 ES6+ 以上的 JavaScript，而不再被浏览器所束缚。

基于 Node.js 的工具有很多，以下列出一些前端开发中经常使用的工具。

- npm：包管理器，解决项目依赖部署等问题。
- yarn：Facebook 出品的包管理器。
- webpack：模块打包器，支持 CommonJs/AMD 模块，代码分割，可以按需加载。
- Gulp：自动化构建工具，开发者可以使用它在项目开发过程中自动执行常见任务。
- Grunt：可以帮助开发者自动完成重复性的工作。
- Browserify：可以让你使用类似 node 的 require() 方式来组织浏览器端的 JavaScript 代码。
- FIS3：解决前端开发中自动化工具、性能优化、模块化框架、开发规范、代码部署、开发流程等问题。

你可以从以上工具中挑选适合自己的方式，我目前采用的是 npm + webpack。

## 13.3.1 npm 的使用

Node.js 安装的同时会安装 npm，可以通过 npm -v 来查询 npm 的版本号，进而判断 npm 是否安装成功，代码如下。

```
> npm -v
5.4.2
```

npm 的使用方法并不复杂，常用的命令如下：

```
// 初始化生成 pakage.json
$ npm init

// 搜索
$ npm search <Module Name>

// 安装
$ npm install <Module Name>

// 卸载
$ npm uninstall <Module Name>

// 更新
$ npm update <Module Name>
```

可以添加 -g 参数来将一个包全局安装，本地安装则将包安装在项目文件夹下，全局安装则将包安装在用户目录下。

这里我们说下 npm install 三种方式的区别。

- npm install：不会把模块名称和版本号添加到 pakage.json 中。
- npm install -save：自动把模块名称和版本号添加到 pakage.json 中的 dependencies 部分。
- npm install -save-dev：自动把模块名称和版本号添加到 pakage.json 中的 devdependencies 部分。

之后在使用 npm install 时，会自动安装 dependencies 和 devDependencies 中的模块，当使用 npm install –production 或者注明 NODE_ENV 变量值为 production 时，只会安装 dependencies 中的模块。

更多 npm 的使用方式，请参照如下帮助文档。

```
> npm -help

Usage: npm <command>

where <command> is one of:
    access, adduser, bin, bugs, c, cache, completion, config,
    ddp, dedupe, deprecate, dist-tag, docs, doctor, edit,
    explore, get, help, help-search, i, init, install,
    install-test, it, link, list, ln, login, logout, ls,
    outdated, owner, pack, ping, prefix, prune, publish, rb,
    rebuild, repo, restart, root, run, run-script, s, se,
    search, set, shrinkwrap, star, stars, start, stop, t, team,
    test, tst, un, uninstall, unpublish, unstar, up, update, v,
    version, view, whoami

npm <command> -h     quick help on <command>
npm -l             display full usage info
npm help <term>    search for help on <term>
npm help npm       involved overview

Specify configs in the ini-formatted file:
    /Users/story/.npmrc
or on the command line via: npm <command> --key value
Config info can be viewed via: npm help config

npm@5.4.2 /usr/local/lib/node_modules/npm
```

## 13.3.2　npm 发布包

npm 上有大量游戏的包供我们使用，而如果想发布一个自己的包到 npm 上，该怎么做呢？这里简单介绍一下发布自己的包的方法。

- 如果没有 npm 账号，先注册一个 npm 账号。
- 进入项目文件夹，执行 npm init。
- 执行 npm adduser，输入 npm 账号、密码和邮箱。

- 执行 npm publish。

以发布一个名为 npmtest1000 的包为例，代码如下。

```
> npm init
This utility will walk you through creating a package.json file.
It only covers the most common items, and tries to guess sensible defaults.

See `npm help json` for definitive documentation on these fields
and exactly what they do.

Use `npm install <pkg>` afterwards to install a package and
save it as a dependency in the package.json file.

Press ^C at any time to quit.
```

接下来只需要一直按 Enter 键即可，之后便会在项目文件夹中生成一个 pakage.json 文件，其中包含了刚才输入的信息，因为我们是直接按 Enter 键进行的，如果需要修改包信息，直接修改这个 json 文件即可，代码如下。

```
// pakage.json
{
  "name": "npmtest100",
  "version": "1.0.0",
  "description": "npm test",
  "main": "index.js",
  "scripts": {
    "test": "echo \"Error: no test specified\" && exit 1"
  },
  "keywords": [
    "npm",
    "test"
  ],
  "repository": {
    "type": "git",
    "url": "git+https://github.com/mistory/npmtest100.git"
  },
  "author": "",
  "license": "ISC",
  "bugs": {
    "url": "https://github.com/mistory/npmtest100/issues"
  },
  "homepage": "https://github.com/mistory/npmtest100#readme"
}
```

各属性名称的含义如下：

- name：包的名称，默认为该项目文件夹的名称，包名称是唯一的，npm 上已经有了大量的 npmtest 包，所以这里使用 npmtest100 作为包名称，可以使用 npm search packageName 来检测是否有相同名称的包。
- version：版本号，默认为 1.0.0。
- description：描述。
- main：入口文件，默认是 index.js，也可以填写自己的文件名。
- test command：测试命令。
- repository：git 仓库地址，如果项目文件夹中存在 .git 目录，npm 则会读到这个目录作为这一项的默认值。

- keyword：关键字，在 npm 上搜索包时的索引关键字。
- author：作者名称。
- license：协议。
- dependencies：依赖包。

现在，来看一下入口文件。

```
module.exports = function(){
    console.log('hello');
}
```

接下来，就是执行 npm publish 来将这个包发布到 npm 上了，代码如下。

```
> npm publish
+ npmtest100@1.0.0
```

现在，这个包就发布到 npm 上了，因为 npm 不允许自己依赖自己，所以，需要在另一个项目下安装测试发布的包，如果该项目下没有 pakage.json 文件，需要先执行 npm init，代码如下。

```
npm install npmtest100 --save
```

接下来就可以使用自己发布的包了，代码如下。

```
const test = require('npmtest100');

test(); // -> hello
```

版本号是很重要的，我们不能为一个包发布两次相同的版本号，即使没有对包的代码做任何修改，也就是说，每次执行 npm publish 前，都要修改版本号，否则就会出现下面的错误。

```
> npm publish
npm ERR! publish Failed PUT 403
npm ERR! code E403
npm ERR! You cannot publish over the previously published versions: 1.0.0. :
npmtest100

npm ERR! A complete log of this run can be found in:
npm ERR!     /Users/story/.npm/_logs/2018-05-15T12_49_02_157Z-debug.log
```

### 练习

- 发布自己的包。
- 使用自己的包。
- 更新自己的包。
- 使用更新后的包。

# 第 14 章

## 客户端存储

本章内容

无论是为了离线 Web 应用、为了更好的用户体验，还是为了节省更多流量，很多 Web 应用都需要我们能够在本地存储一些数据，于是出现了很多的基于浏览器的本地存储解决方案，例如 cookie、userData、Flash SharedObject、Google Gears、WebStorage、Silverlight、Open Database、IndexedDB 等。

本章将介绍 Web 开发中常用的一些数据存储方式，希望阅读本章后，你能熟练地使用这些存储。

# 14.1　cookie

## 14.1.1　什么是 cookie

cookie 是客户端用来存储数据的一种方式，既可以在客户端设置，也可以在服务器设置，cookie 一般由服务端生成发送给客户端（浏览器），示例如下。

```
// 响应头中，处于安全考虑，设置其他域名会被忽略
...
Set-Cookie: BD_CK_SAM=1;path=/
Set-Cookie: PSINO=1; domain=.baidu.com; path=/
Set-Cookie: BDSVRTM=31; path=/
Set-Cookie: H_PS_PSSID=22778_1467_21107_20916; path=/; domain=.baidu.com
...
```

客户端会自动将接收到的 cookie 数据（响应头中的 Set-Cookie）保存下来，并在下一次请求该网站时，将存储的 cookie 数据添加到请求头中的 Cookie 字段里面，示例如下。

```
    // 请求头中
    ...
    Cookie: BAEID=9098DB44063E9F29FB165B085287DBD0;
    BAIDUID=E7434C72BD94E9228A876EF2658A0986:FG=1;
    PSTM=1526292554; BIDUPSID=E7370496A0007762E9E80B8AC3107F4C;
    BDUSS=B5OTdwdE5NRVJ5ajZWLU1DUXZlQUlZYX5lMWczclFjVGthUzlJenZjdjBOaXBiQVFBQUFB
JCQAAAAAAAAAAAAEAAABoe34OuPhMWteisuG1xMW2AAAAAAAAAAAAAAAAAAAAAAAAAAAAAAAAAAAAAA
AAAAAAAAAAAAAAAAAAAAAAAAAAAAAAPSpAlv0qQJbLV;
    SIGNIN_UC=70a2711cf1d3d9b1a82d2f87d633bd8a02780343222;
    BDSFRCVID=97DsJeCCxG3AdZ37LFVL_URzXJ95VW4-ZAQp3J; H_BDCLCKID_SF=JbADoDD-
JCvbfP0kKtr_MJQH-UnLq5Ff3T7Z01OnMp05EJbLDTJdQ1KTBnoNhqvZfRTp-K-EyqjGqKO_e4bK-
TrXDGLtqx5; H_PS_PSSID=22778_1467_21107_20916;
    BDORZ=B490B5EBF6F3CD402E515D22BCDA1598; PSINO=1
    ...
```

HTTP 是无状态的，cookie 的作用就是用来创建一个有状态的会话，这样，后端即可通过不同的 cookie 来区分并维持不同的用户。

## 14.1.2　有效期和作用域

cookie 可以设置有效期，一旦到达指定有效期，浏览器会自动删除该 cookie，cookie 的默认有效期为浏览器的窗口关闭之前，即没有设置 cookie 的有效期时。关闭浏览器后，该 cookie 存储的数据就会被清除。cookie 的有效期和作用域等，如表 14-1 所示。

表 14-1　cookie 的有效期和作用域

| Name | Value | Domain | Path | Express/<br>Max-Age | Size | HTTP | Secure |
| --- | --- | --- | --- | --- | --- | --- | --- |
| 名称 | 值 | 可访问 cookie 的域名 | 可访问 cookie 的目录 | 过期时间 | 大小 | 客户端是否能访问 | 是否只允许通过 HTTPS 传输 |

其中 Domain 和 Path 定义了 cookie 的作用域，即 cookie 应该添加到哪些 url 的请求头中。

例如设置 domain=.baidu.com，那么 baidu.com 及其下的子域名（如：tieba.baidu.com）都可以访问该 cookie。

path 表示哪些路径下可以访问 cookie，例如设置 path=/，表示所有路径都可以访问 cookie。设置 path=/home，表示 /home 下的 url 可访问 cookie。

当 cookie 的 HttpOnly 被设置为 true 时，该 cookie 就只能通过 http 协议访问，不能被 javascript 访问，其目的是为了防止 xss 攻击、窃取 cookie 内容，增加 cookie 的安全性。

### 14.1.3 关于 session

session 是服务器保存数据的一种方式，借助 cookie 与后端实现。

cookie 中存储的是 sessionId，后端通过 cookie 中的 sessionId，在后端数据库（或缓存、内存等）中获取相应的数据，进而维持会话。

cookie 只是实现 session 的一种常用方式，session 的核心在于后端能够获取 sessionId。

### 14.1.4 关于 token

token 和 session 类似，主要用于在无法使用 cookie 时（如原生 APP 与后端的数据交互），用于维持会话。

与 cookie 自动添加在请求头中不同，token 由服务器发送给客户端后，客户端存储 token（可以存在 cookie 中，也可以存在 localStorage 中）后，向每个请求的请求头中或 ajax 请求中手动添加 token。

看起来，session 和 token 没什么区别，都是存储一个用户凭据，并将其发送给服务器进行验证，但其实两者的差别很大。

首先，token 一般由 uid（用户唯一的身份标识）、time（时间戳）、sign（签名）等组成一个加密字符串，基于此，每个 token 都是唯一的，并且其中可以存储一些信息（JSON Web Token）。因此，服务器可以直接解析 token 以获取数据，从而减少数据库的查询操作。而 session 不同，session 在服务器生成后，并不是直接返回给客户端，而是将其存储到数据库中，返回一个 sessionId，之后服务器需要客户端提交的 sessionId 来查询数据库之前存在数据库中的 session 信息，进而获取用户信息。

此外，token 也便于进行跨域处理，只要不同的域下采用相同的验证机制即可。

关于 JSON Web Token 的更多信息，请参阅 JWT 官网（https://jwt.io/）。

## 14.2 本地存储

同时，cookie 的大小和数量是有限制的，在不同浏览器上不同，我们可以利用它来存储一些少量的数据，但当我们有较大的数据存储需求时，cookie 便不能满足了。

HTML5 中新增了两个对象—— * localStorage 和 * sessionStorage。

这两个对象拥有相同的 API，通过这两个对象可以在客户端存储及操作一些简单的 key-value 式的数据。

## 14.2.1 localStorage

localStorage 的各个方法如下。

- setItem(key,value)
- getItem(key)
- removeItem(key)
- clear()
- length 属性 ( 该属性返回 storage 中存储的 key-value 的数量 )

### 1. setItem() 方法

setItem(key,value) 将 value 存储到 key 键，示例如下。

```
js localStorage.setItem('name','javascript'); console.log(localStorage); //
> Storage {name: "javascript", length: 1}
```

### 2. getItem() 方法

getItem(key) 获取指定 key 的 value 值，示例如下。

```
js var name = localStorage.getItem('name'); console.log(name); // >
"javascript"
```

### 3. removeItem() 方法

removeItem(key) 删除指定 key 及其 value，示例如下。

```
js localStorage.removeItem('name'); console.log(localStorage); // > Storage
{length: 0}
```

### 4. clear() 方法

clear() 删除所有 key-value，示例如下。

```
```js localStorage.setItem('name','javascript'); localStorage.
setItem('sex',''); console.log(localStorage); // > Storage {name: "javascript",
sex: "", length: 2}

localStorage.clear(); console.log(localStorage); // > Storage {length: 0}
```
```

### 14.2.2 . 和 [ ] 操作

另外，localStorage 和 sessionStorage 这两个对象也支持 . 和 [ ] 的操作，示例如下。

```
    javascript ls.name = 'javascript'; ls['sex'] = '*'; console.log(ls); // >
Storage {name: "javascript", sex: "*", length: 2}
```

### 14.2.3 sessionStorage

sessionStorage 调用方式与 localStorage 相同，区别在于 localStorage 为持久性存储，数据没有过期时间，即使浏览器关闭，数据依然存在。sessionStorage 只针对本次会话，当用户关闭网站时，sessionStorage 中存储的数据会全部销毁。

localStorage 与 sessionStorage 所针对的会话仅限于当前页面，当前页面无论是刷新还是恢复，页面仍然保持之前的会话，其中的数据依然保留，但在新标签页或窗口中打开页面会初始化一个新的会话，sessionStorage 中存储的数据也会被全部销毁。

## 14.3 IndexedDB

IndexedDB 全称 Indexed Database API，是一种 API，主要用于在客户端存储大量结构化数据。目前 IndexedDB 只提供了异步 API 用来操作 IndexedDB 数据库。

#### 1. 连接数据库

使用 indexedDB.open(dbName[, version]) 方法打开一个 IndexedDB 数据库，如果被打开的数据库不存在，则创建一个新数据库，该方法返回一个 IDBRequest 对象。异步操作通过在 IDBRequest 对象上触发事件来和调用程序进行通信，示例如下。

```
let dbRequest = indexedDB.open("dev", 1),
    database;

dbRequest.onerror = function(event){
    console.log(event.target.errorCode);
    console.log('连接数据库失败');
};

dbRequest.onsuccess = function(event){
    database = event.target.result;
    console.log('连接数据库成功');
};
```

version 为可选参数，表示版本号，默认为空。

#### 2. 创建表

onupgradeneeded 事件监听函数会在页面初始化数据库时和数据库版本发生变化时触发，我们用过 createObjectStore 在其中创建一个用户表，示例如下。

```
dbRequest.onupgradeneeded = function(event){
    database = event.target.result;

    // 创建一个话题表 topics
    let store = database.createObjectStore("topics");
    console.log('创建成功')
};
```

createObjectStore(storeName[, parameters]) 方法也可指定一个对象作为可选参数，该对象有以下两个属性。

- keyPath：表示主键，例如设置为 "test"，则被存储在表中的所有对象都必须存在 "test" 属性。
- autoIncrement：表示 keyPath 是否自增，为 true 时，如果被存储的数据缺少主键属性，则自动添加该属性。

修改以上代码如下。

```
let store = database.createObjectStore("topics", {
    keyPath:'id',
    autoIncrement:true
});
```

### 3. 数据库操作

在 IndexedDB 中，所有数据操作都需要在事务中进行，我们通过 transaction(storeName[, mode]) 方法创建一个事物，其中 storeName 表示表名，mode 为可选参数，有 3 个值，默认为 readonly。

- readonly：不能修改数据库数据，可以并发执行。
- readwrite：可以进行读写操作。
- verionchange：版本变更。

现在，向我们创建的 topics 表中添加一个用户数据，因为之前设置了 autoIncrement 和 keyPath，所以，无须为其指定 id 值，示例如下。

```
dbRequest.onsuccess = function(event){
    database = event.target.result;
    console.log('成功打开数据库');

    // 创建事务
    let transaction = database.transaction('topics', 'readwrite');

    let store = transaction.objectStore('topics');

    // add 添加一条数据
    let topic = {
        'title': '标题',
        'content': '内容',
        'create_time': Date.now(),
        'deleted': false,
        'visit_count':0
    }

    store.add(topic);
```

```
        // get 根据主键获取一条数据
        store.get(2).onsuccess = function(){
            console.log(this.result.title);  // > '标题'
        }

        // put 根据主键修改一条数据，调用 put 时会修改数据库中具有相同主键的记录，如果没有，
则等同于 add
        store.get(2).onsuccess = function(){
            this.result.title = '修改标题';

            store.put(this.result).onsuccess = function(){
                console.log('修改成功', this.result); // > 修改成功 2
            }
        }

        // delete 根据主键删除一条数据
        store.delete(2).onsuccess = function(){
            console.log('删除成功'); // > 删除成功
        }

    };
```

4. 删除表

只有在数据库版本发生变化时才能删除表，示例如下。

```
    indexedDB.open("dev", 2).onupgradeneeded = function(event){
        let database = event.target.result;

        database.deleteObjectStore("topics");
    };
```

5. 删除数据库

删除数据库很简单，调用 deleteDatabase(dbName) 方法即可删除指定名称的数据库，示例如下。

```
    indexedDB.deleteDatabase("dev");
```

这里，仅是对 indexedDB 进行一个简单的介绍，indexedDB 也支持对表创建索引、通过游标检索数据等。如果感兴趣的话，可以去 https://developer.mozilla.org/en-US/docs/Web/API/IndexedDB_API 查看更多信息。

# 第 15 章

## 性能优化

本章内容

现在，提升 Web 应用的性能变得越来越重要。线上经济活动的份额持续增长，当前发达世界中 5 % 的经济活动发生在互联网上。我们现在所处的时代要求一直在线和互联互通，这意味着用户对性能有更高的期望。如果网站响应不及时，或者应用有明显的延迟，用户很快就会跑到竞争者那里。

一个网站需要多快？网页加载时间每增加 1s，就会有 4 % 的用户选择离开。顶尖的电子商务网站把第一次交互时间控制在 1~3s 内，这样带来了很高的转换率。很明显 Web 应用性能的风险很高，而且还在持续增长。

提升性能说起来容易，实现起来却很难，需要在各个方面做细节优化。

本章将介绍 Web 开发中常见的一些性能优化技巧，希望阅读本章后，你能熟练地使用这些技巧来优化你的应用。

# 15.1 减少请求数

在 HTTP/1.1 中，限制浏览器并发的瓶颈是人为限制的单个连接的并发数，因此，减少请求数可以有效优化页面加载。

HTTP/2 可通过使用多路复用技术，在一个单独的 TCP 和 SSL 连接上支持并发，通过在一个连接上一次性发送多个请求来发送或接收数据，因此，减少请求数在 HTTP/2 中不再是一个优化方案。

## 15.1.1 合并代码

合并外部样式表或脚本文件，可以尽可能地减少文件在网络中的往返时间，以及下载其他资源的延迟时间。

合并文件是通过单一的文件替换多个不同的文件，这个文件含有它们所有的内容，以减少在页面刷新时浏览器的 HTTP 请求数量。除了减少 HTTP 标头和通信的开销，这种方法对 TCP / IP 慢启动的效果也很好，增加了通过浏览器网络连接的有效比特率载荷。

例如，在 HTML 中的代码如下。

````
```html
<html>
  <head>
    <link rel="stylesheet" type="text/css" href="a.css">
    <link rel="stylesheet" type="text/css" href="b.css">
    <link rel="stylesheet" type="text/css" href="c.css">
    <link rel="stylesheet" type="text/css" href="d.css">
  </head>
  <body>
    <div>
      Hello, world!
    </div>
    <script src="a.js"></script>
    <script src="b.js"></script>
    <script src="c.js"></script>
    <script src="d.js"></script>
    <script src="e.js"></script>
  </body>
</html>
```
````

合并 CSS、JS 后变成如下代码。

````
```html
<html>
  <head>
    <link rel="stylesheet" type="text/css" href="style.css">
  </head>
  <body>
    <div>
      Hello, world!
    </div>
    <script src="main.js"></script>
  </body>
````
````

````
</html>
```
````

可以使用 webpack 等工具合并文件

15.1.2　CSS Sprite

CSS Sprite 又称雪碧图，该方法是将小图标和背景图像合并到一张图片上，然后利用 CSS 的背景定位来显示需要显示的图片部分。

雪碧图可以减少请求数，增加并行性，并且请求数的减少，也就意味着请求头的减少。我们知道，HTTP 的请求头中包含一些信息，这些信息尽管很少，但也占据了一些数据量，因此，雪碧图也能减少数据下载量。

15.1.3　data url

data url 模式可以在页面中渲染图片且无须额外的 HTTP 请求，格式如下：

```
<img scr="data:image/jpg;base64, ...">
```

以一张 2KB 的 Google logo 图片为例，将其转成 Base64 编码之后为如下代码。

```
<img scr="data:image/png;base64,iVBORw0KGgoAAAANSUhEUgAAAHAAAAAkCAYAAA
BR/76qAAAJWElEQVR42u1be4wdVRk/sHu3W5QGeagoBRILKNHa3ZnZLqUyd2a221UIpeBW8REa
IDQaBBWjRpQb9j6qf5SohIchBmMUcGOCr6Ds3aUSq7xKEQFbZGntY9u9j3Z3Z+Zuuw/u+P3M3r
tnzs69M3Pb7NL0fsnJvZ0z+2XO/Z3v+37f70xZUOuMjZ6tJa0NWtLeoiWsJ/WkPUDf0zR+Rd+/
F02aV8Zizumsbu8uMzbbLXrc/o0eNycJKKfaiMbNvXrC+nrXT4qL2CluY+t31Ua8uPXP8zm29RY5r
0UaQ8TcEURKH8g7TeNVEFhp7DJT9zgcONP8wve5qMXU2r8dxWQRmgM/j/ikuaUJ4hJc4KisbsO4Dw
DqMXHL9IT5n4PUHYRILd3/HD8QuY4p5Xu7445TVrcvEpPWj/nwCQA7cNqwl5RB3AeAbwm5pxBkfcv
MZKIvHyju9dp8AW/Z+yyaMJ88VQHb8EA1BP2fa6oi5vjFFlauNrpNBupsUvxvQ7gPAKopkaXUU2bd
gGYKKxndTs5AIwmrYd48NDfsbqdHABKP3MiRP1HeQA7esYuYfNoDmOn5TtWfiyjS5/NGvLN+Mx1Sh/
F9dC+Yuz0if7I8umByI2T/Y2b8DnRF/mE44qEK9LbaV6f1BruYjZd9PXrJm2EMmnAYrF6/XAiCV
iBaKvHGPNeaGDWn/3N9D+gcyVeD2gXL+51gACyexmUeFRTwpPGQ+p0ubRtRPnoX50dWr35cxlK8MG/
IR/j669jgTbDLd+HseHAItM5GO3Fzcxs6cSa1LJtOR2+h63plSG3t5P6htlB77hWcfjCYK6yBYYB4t
kpYwf1ErgI6qNlKte00EKK9LbaV6f1BruYjW+QfXPbpyd+UamLDudT9MYdOJBFBc4KFo60rh4bIZtW
UZ8zCavxTgukBco6wog9fX2C5E3aGjWxdd7OXrWF/TJSKI9O9WLhNpInhqzDzXe9Nb8VoABDlzb0j5
mf90LZsj/uc6Wj5E0Why2WcMZKdSBG4UUuhPA6bQ7dUGKTJjnKJTKIOiKw/wi8gZyhdZFaPdeJNr0b
pyX2mOQHiQB2S6L7Khmi8CbKNQD39cmqPa/6iLC6Tsz1QRLBohL4YEEGv/bRkUQylmtNaP8Ex8ZnP/
ksrIMTGV5gz5topFWzxN4KhyrQa/r/A+ufT56uwiJFPM76Jhh9K9Fl/YywD2NbzKRd+Is5U1VvNF8
80EYoEnNFxGGeR+h5zP+SY2/t1hASR2uU9cx9A10hlonSoROioj2zGP+5iXASzafbsFDVRlIU08AO
aVHZwpluZQ17ia9kIQf0S1X5ytGXKmdJ1q3ZEyGH2RQO0PEZ4dXArNlq4LZ57P+rZfqcK14QGUprn
SsS2jyVu434Mb01G0GBR1Cuc2+G6iHP+8j4Dt05pYd7jSUaJQDn8Xfdbl54L4QxvB18zSdUQdlxL/
FsQXoo4DMF+6jg3HZYxn/NdoX11DBL7j0zq8ReObHmzbv3GlKDkiNPQ9taVO6wPkK8tR8GPE3s6ZBUN6
nUsPR5zu7qobBcwNjS3X5O7gUujrXArNUZNe3dd2FqH7rNLfoHecrYHmPi4DHfArI1Qjv1VrCuUHQAUr
p5S6BirScdQs+xY8iKCJfjdMPQRro9r3UjVSRMzrEXez2nZdFZcic8O4fzaaGh5xk5KmddV8TfdHPi/0
hA9w6+91yYlxczWuVyo7BPLLYQEkoHrdhEz+9eFOeSmrYPva2xezwIY+KGk/NrcFsH6Hg17mY9Q/dogK
Bqk8Q6iHrnTYIauuRWjKXkFlEen0Af5+MLVyGzHQeBUPCGS04p+Zp6/iX5qXUso8KPSCV5Tm0e+50765
A2ekHq7AWL9WSxuR0+RrhejbUYmcoB9ExFKZ2QwiF/g8j1qApz0a8SnsUEobXyZAl38qYZ/fGR9faqTG
```
```

```
r8CLTHTtOfFv0DpEU4WVXsI10eS0CCIBtQ7ptJw2dWW9mHKo6P+R9wWBmlJinwDivqm+puvBSEtpE+0
FXR8SekCXQoKaL0YVDqjVREHG5i6RM1rvZkhptQCIFAn2KYgTL2BT4ncp68MdygZa/8HZe6Q3Si2Hr0
F1wCsSeKhaB07lq6UgpA2qhYfmUmbJJJKzC22Dx9z+jKp8UPQFXZOLLB6gAtXIQQJ4XJwjAeCAV6SqS
evjXgL2jLw2CKJzvFIaTlm4ms5tTukwSIyXzAYWHiqdwvBSEop5WPAgR+HFKD//WAhOG4KI2bQbd/Jq
jWjHBpouA1hBxGy6bxdUmUq+8I6PQOg8B1qvWsVsSGfYwIHWbkjPQlpktRhSKloAtBU+WucUgf0UEZZ
PhyE9uVWrziRSkxCVeZ6lUoq599Ca5e/x8wXtk1qEJARsL+BmesYeEr99faE8EIF7gtb0jscGzRJ4Xy
AJ8kf86UQgAEVBX5cfRM/nLd4rQ/R5B8oJOxG2OmmeB3kJBZwW932chwFcHHjiPdLj8Y1zr5zWpuOBa
fwAnzhyCVq8RbWFoszA2R+Ne/A5NdCgk6gd2hdqvRa3bsRaaXN+B+vHpsYclYn7uRQ7ymo0bOKs0XZ1
TlfuIkDvwflnZo10JYBjdYPV1ssGaLsGSgDiyIzVbWEN5A1HaZDRID7gRS9+Xjw3dL8Haz3E6rawRi3D
DUKtew0p1PO/HSTtrUKvrLG6Lazh9IFA+6vYDuG8lHTPtTPvwXxbj1t7BKC3MRC3ui28IeKicevtMP0
uUi2r27sLRKTIAP3uTjT+rG4LY/66cOE6vIzFvVmAYYF9UktxK0gPq9vJAWZXLL8Eo17r6nZC7X/5+0
1M23eEkwAAAABJRU5ErkJggg==">
```


看起来，上面的 Base64 字符串就是一堆乱码，但浏览器会将其解析成相应的图片，如图 15-1 所示。两者看起来是一样的，但实际上，前者是引用的外部资源，后者则使用了 data url。

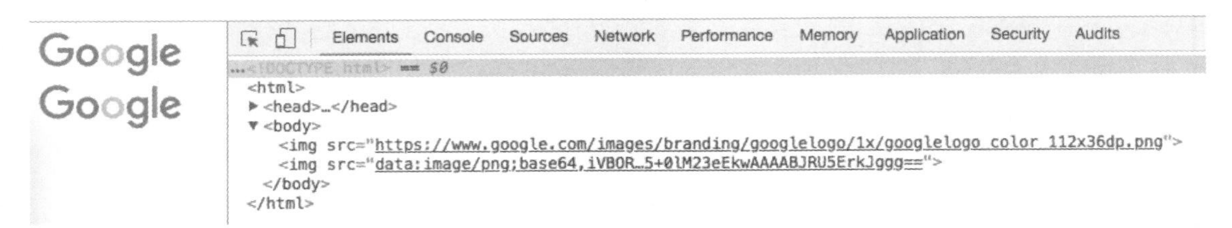

图 15-1　url 与 data url 对比

尽管 data url 减少了请求数，但其也有一些缺点。

- Base64 编码的数据体积通常比原数据大，即 data url 形式的图片会比二进制格式的图片体积大。
- 浏览器在解析 data url 形式的图片时，消耗的 CPU 和内存要高于二进制格式的图片，导致渲染时耗时较高。
- data url 形式的图片不会被浏览器缓存，导致页面刷新或多页面共用一张图片时重复下载。

因此，通常在使用 data url 形式的图片时，尽量只针对小图片 data url 化（例如一个需要 repeat 的背景图，尺寸只有 2px×2px，将其 Data URL 化以减少请求），并将其放在 CSS 文件中，因为 CSS 文件可以被缓存，其中的 data url 也随之被缓存了下来，从而避免页面刷新或多个页面调用同一张图片时，产生的重复下载问题，示例如下。

```
.image {
    background-image: url(data:image/jpg;base64, ...);
}
```

15.2　减少代码体积

可以利用 UglifyJS 压缩 JavaScript 代码，JQuery 就是使用此工具压缩的，UglifyJS 并不是唯一的压缩 JavaScript 代码的工具，类似的工具还有很多。

这些工具的基本原理就是去除代码中的注释、换行、空格及多余的变量和函数，并将变量名缩短，替换语义相同的语句。

例如，以下的一段代码。

```
(function(){
    /**
     * 数字自增，返回自增后的值
     *
     * @param {Number} num 需要自增的数字
     * @param {Number} step 自增的步进大小
     * @return {Number}
     */
    function increment(num, step) {
        let res;
        if(step !== undefined){
            return num + step;
        }

        return ++num;
    }

    // 需要执行该函数，否则会被当作多余的函数处理
    increment(1);
})();
```

去除注释、换行、多余的变量后，代码如下。

```
(function(){
    function increment(num, step) {
        if(step !== undefined){
            return num + step;
        }
        return ++num;
    }

    increment(1);
})();
```

接下来，将变量名缩短，替换语义相同的语句，代码如下。

```
!function(){
    function I(a, b) {
        return b !== void 0?a + b:++a;
    }

    I(1);
}();
```

去除空格后，就是如下的状态。

```
!function(){function I(a,b){return b!==void 0?a+b:++a}I(1)}();
```

压缩后的代码可读性会降低，不利于代码调试，因此 UglifyJS 也支持生成 SourceMap 文件来映射，调试时就可以通过开发者工具查看未压缩的代码了。

更多信息可以参考 UglifyJS 官网的介绍（http://lisperator.net/uglifyjs/）。

此外，HTML 和 CSS 代码也能被压缩，有很多优秀的工具可以利用，例如：html-minifier、cssshrink 等。

15.3 缓存文件

15.3.1 浏览器缓存

先说一下什么是浏览器缓存，浏览器缓存大多由后台服务器控制，当用户访问网页时，浏览器缓存会将网页资源文件存储在本地设备上，当网页再次请求这些资源时，可以直接从缓存中获取，从而减少 HTTP 请求次数和文件下载次数。

通常情况下，这些资源文件的内容比较固定，例如网站的 Logo、CSS 文件、引入的 jQuery 等，浏览器缓存所做的就是“记住”浏览器已经加载的资源，这也是再次访问网页时比首次访问花费的时间更短的原因。

浏览器在第一次请求发生后，会根据响应头中的信息来决定如何缓存资源，缓存方式分为两种——强缓存和协商缓存。

1. 本地缓存

当浏览器再次请求某一资源时，浏览器会先获取该资源缓存的 header 信息，根据其中的 Expires 或 Cache-Control 来判断是否命中本地缓存，如果命中该缓存，则直接从浏览器缓存中读取文件，并返回该文件。因此，不会向服务器发送请求。命中本地缓存时返回的状态码为 200。

Expires 和 Cache-Control 都是设置资源的有效期，Expires 用于在 HTTP 1.0 的协议中指定资源过期时间，其值是一个 GMT 格式的时间，例如，Expires:Thu, 19 Nov 2018 08:52:00 GMT，那么在这个日期之前，该资源都是可以从缓存中获取的。

由于 Expires 太过依赖日期时间，如果服务器时间和本地时间不一致，就可能产生问题。因此，在 HTTP 1.1 中，采用 Cache-Control 来设置资源被缓存多久，例如，Cache-Control: max-age=2592000，表示该资源的缓存时间为 30 天，在被缓存后的 30 天内，该资源都是可以从缓存中获取的。

除了 max-age，Cache-Control 还可以设置为以下几个常用值，以便于服务端更好地控制缓存。

- no-cache：不使用本地缓存，需要使用协商缓存。
- no-store：禁止浏览器缓存。
- public：可以被所有用户缓存，包括设备用户和 CDN 等中间代理服务器。
- private：只能被设备用户的浏览器缓存，不允许 CDN 等中间代理服务器对其缓存。

2. 协商缓存

如果没有命中本地缓存，浏览器会将请求发送到服务器，该请求会携带第一次请求返回的有关缓存的 header 信息，根据其中的 Last-Modified/IF-Modified-Since（HTTP 1.0）或 Etag/IF-None-Match（HTTP 1.1）来判断文件是否更新。如果文件未发生变化，则表示命中协商缓存，服务器会返回新的响应头信息，用来更新浏览器缓存中的对应 header 信息，但是并不返回资源的内容，而是从浏览器的缓存中获取该资源，命中协商缓存时返回的状态码为 304。如果文件发生变化，则表示未命中协商缓存，服务器会将资源的内容也返回给浏览器，其状态码为 200。

命中协商缓存时，由于没有资源的下载，因此，其 HTTP 请求响应速度是非常快的。

15.3.2　客户端缓存

除了浏览器缓存，还可以利用客户端存储来缓存一些资源，例如，localStorage。

localStorage 可以存储大量字符串，我们可以将一些 js 和 css 文件转化成字符串，并将其存储在 localStorage 中，在需要使用的时候，再将其中的 localStorage 取出来，但由于取出时将字符串转化成 js 代码执行，因此，localStorage 存在 xss 安全问题，并且 localstorage + eval 的速度要比协商缓存慢，除非必要情况下，一般不建议使用 localStorage 来做 js 和 css 文件的缓存。

15.4　使用内容分发网络 CDN

CDN 的全称是 Content Delivery Network，即内容分发网络，是一种通过互联网互相连接的计算机网络系统，利用最靠近每位用户的服务器，更快、更可靠地将音乐、图片、视频、应用程序及其他文件发送给用户，从而提供高性能、可扩展性及低成本的网络内容传递给用户。

其基本思路是尽可能避开互联网上有可能影响数据传输速度和稳定性的瓶颈和环节，使内容传输得更快、更稳定。

CDN 节点通常部署在多个位置，通常位于多个骨干网上。其优势包括降低带宽成本，改善页面加载时间或增加内容的全球可用性。构成 CDN 的节点和服务器的数量因体系结构而异，一些节点和服务器在许多远程存在点上有数以万计的服务器达到数千个节点。

在优化性能时，可以选择最适合向用户提供内容的位置，减少网络传输距离，前端需要被加速的文件大致包括 js、css、图片和静态页面等静态资源，我们把这些静态文件通过 CDN 分发到各个节点，用户即可在距离最近的服务节点拿到所需要的内容，从而提升内容下载速度，加快网页打开速度达到性能优化的目的。

你可以将静态资源全部托管到 CDN 服务商处，但如果你只是想使用一些公共的库，例如：jQuery、Bootstrap、React 等，推荐使用以下几个免费的 CDN 服务。

- cdnjs（https://cdnjs.com/），最全的 CDN 公用库。
- BootCDN（http://www.bootcdn.cn/），稳定、快速、免费的前端开源项目 CDN 加速服务。
- Staticfile CDN（http://staticfile.org/），免费为开源库提供 CDN 加速服务，使之有更快的访问速度和稳定的环境。

15.6　延迟加载

延迟加载又称“懒加载”和“惰性加载”，即在用户需要使用相应资源的时候加载，这样可以减少请求、节省带宽、提高页面加载速度，相对的，也能减少对服务器的压力。

惰性加载是程序人性化的一种体现，提高用户体验，防止一次性加载大量数据，而是根据用户需要进行资源的请求。

15.6.1 实现

懒加载的难点在于确定某张图片是否是用户需要的资源，在浏览器中，用户需要的是可视区内的资源，因此，只需要判断图片是否已经呈现在可视区内。当图片呈现在可视区内时，获取图片的真实地址并赋给该图片即可（图片尺寸需要指定，可以利用 padding 处理）。

判断是否存在于可视区的依据如下。

① 浏览器视口高度。

② 待加载资源距离视口顶端的位置。

通过以上两点即可判断图片是否位于可视区内，示例如下。

```
    ``` var nodes = document.querySelectorAll('img[data-src]'), elem = nodes[0],
rect = elem.getBoundingClientRect(), vpHeight = document.documentElement.
clientHeight;

    if(rect.top < vpHeight && rect.bottom>=0) { console.log('show'); }
```

之后获取图片的真实地址，代码如下。

```
    ```
    <img src="loading.gif" data-src='1.gif'>
    ...

    <script>
        var src = elem.dataset.src;
    </script>
    ```
```

把真实地址赋给图片，代码如下。

```
    var img = new Image(); img.onload = function(){ elem.src = img.src; } img.
src = src; ```
```

15.6.2 完整代码

完整代码如下。

```
    var scrollElement = document.querySelector('.page'),
        viewH = document.documentElement.clientHeight;

    function lazyload(){
      var nodes = document.querySelectorAll('img[data-src]');

      Array.prototype.forEach.call(nodes,function(item,index){
        var rect;
        if(item.dataset.src==='') return;

        rect = item.getBoundingClientRect();
```
```

```
        if(rect.bottom>=0 && rect.top < viewH){
            (function(item){
              var img = new Image();
              img.onload = function(){
                item.src = img.src;
              }
              img.src = item.dataset.src
              item.dataset.src = ''
            })(item)
        }
    })
}

lazyload();

scrollElement.addEventListener('scroll',throttle(lazyload,500,1000));

function throttle(fun, delay, time) {
    var timeout,
        startTime = new Date();
    return function() {
        var context = this,
            args = arguments,
            curTime = new Date();
        clearTimeout(timeout);
        if (curTime - startTime >= time) {
            fun.apply(context, args);
            startTime = curTime;
        } else {
            timeout = setTimeout(fun, delay);
        }
    };
};
```

15.7　避免重定向

重定向有两种：301 永久性重定向和 302 临时性重定向。但无论是哪种，重定向都将一个 URL 的请求转发至另一个 URL，无疑增加了 HTTP 请求的响应周期，额外延长往返时间延迟，影响整个网站的性能。因此，在非必要的情况下，尽可能避免重定向。

15.8　服务端 gzip

15.8.1　什么是 gzip ？

带宽一定的情况下，文件体积越大，网络传输数据的时间就越长。

而 gzip 在传输数据之前对其进行压缩，减少了文件的体积，进而减少了传输时间。

15.8.2 gzip 压缩原理

gzip 压缩算法对于要压缩的数据，首先采用 LZ77 算法的一个变种进行字符串替换，对得到的结果用 Huffman 树来存储出现的位置和长度。

如果两个字符串相同，只需要知道后一个字符串的位置和大小，即可确定后一个字符串的内容，gzip 对输入的数据中重复出现的字符串做一个标记，并替换为一个包含两者之间的距离和相同内容的长度的指针，由于指针的长度小于被替换的字符串的长度，因此，数据便得到了压缩，并且数据中重复出现的字符串越多，gzip 的压缩率越高。gzip 的压缩原理，如图 15-2 所示。

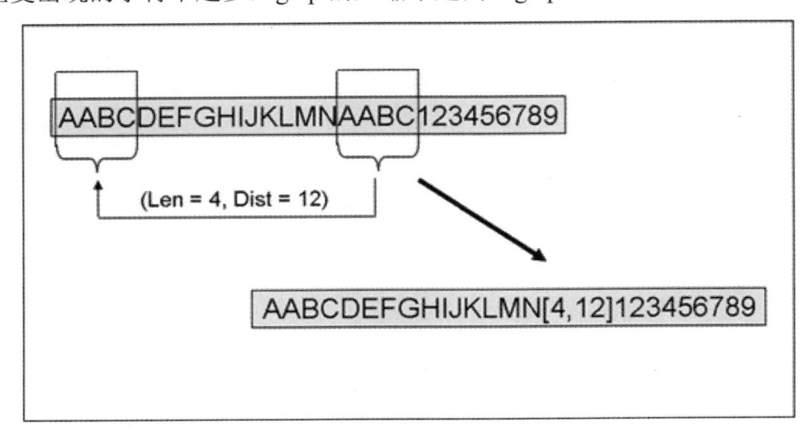

图 15-2　gzip 压缩原理

在 Web 开发中，HTML、CSS、JavaScript 由于大量重复标签、类名和变量名等的出现，因此，其压缩率很高，在 30% 左右，有些甚至可以达到 90%，文件体积的缩短可以缩短网络传输的时间，提高页面加载速度，并且 CSS 文件体积的减少也有利于提高页面渲染速度，减少页面的白屏时间。

以 jquery3.2.1 为例：| 名称 | 大小 | | --|--| | jquery.min.js | 85KB | | jquery.min.js.gzip| 30KB |。

但需要注意的是，gzip 并不适用于图片、音频、视频、PDF 等资源，因为这些资源本身就已经是压缩过的二进制文件，对其进行 gzip 不仅效果不佳，反而会增加其体积，并且增加额外的服务器负担。

可以使用 curl 命令来检测一个网站或某个资源是否开启了 gzip，代码如下。

```
 $ curl -I -H "Accept-Encoding: gzip,deflate" https://www.baidu.com
HTTP/1.1 200 OK
Server: bfe/1.0.8.18
Date: Mon, 08 May 2017 06:49:27 GMT
Content-Type: text/html
Connection: keep-alive
Last-Modified: Mon, 13 Jun 2016 02:50:06 GMT
Cache-Control: private, no-cache, no-store, proxy-revalidate, no-transform
Pragma: no-cache
Content-Encoding: gzip
```

第 16 章

类库和框架

本章内容

类库（Class Library），是类的集合，其提供的是一系列封装好的方法，方便在编写代码时使用，例如，jQuery。
框架（Framework），则更多的是针对某个领域提供的一套完整的解决方案，框架用户一般只需要使用框架提供的接口，即可实现全部功能，例如，Angular。
本章将介绍 Web 开发中常用的一些类库和框架，希望阅读本章后，对你能有所帮助。

16.1 预处理器

CSS 预处理器定义了一种新的语言，其结果是通过特定的语法编程，进而生成 CSS 文件，主要为解决 CSS 语法不够强大及可维护性不高的问题。

CSS 预处理器技术已经非常成熟，常见的 CSS 预处理器语言如下。

- Sass（SCSS）成熟、稳定和强大的专业级 CSS 扩展语言。
- LESS 扩展了 CSS 语言，增加了变量、Mixin、函数等特性，使 CSS 更易维护和扩展。
- Stylus 富有表现力的、功能丰富的 CSS 预处理器。

以 Sass 为例，代码如下。

```
$nav-color: #F90;
nav {
  $width: 100px;
  width: $width;
  color: $nav-color;
}

/* 编译后 */
nav {
  width: 100px;
  color: #F90;
}
```

嵌套 CSS，代码如下。

```
#content {
  article {
    h1 { color: #333 }
    p { margin-bottom: 1.4em }
  }
  aside { background-color: #EEE }
}

/* 编译后 */
#content article h1 { color: #333 }
#content article p { margin-bottom: 1.4em }
#content aside { background-color: #EEE }
```

16.2 辅助库

辅助库的目的是为了提高开发效率，其次也是为了减少我们为解决不同浏览器之间的差异和对 EcmaScript 支持程度不同而编写的兼容代码，适用于页面级的开发。

16.2.1 jQuery

jQuery 是一个快速、小巧、功能丰富的 JavaScript 库。它使 HTML 文档遍历和操作、事件处理、动画和 Ajax 等功能变得简单易用，可以在众多浏览器中使用，拥有丰富的扩展性，jQuery 改变了数百万人编写 JavaScript 的方式。

事件绑定：

```
```js let hiddenBox = $("#banner-message" );
$( "#button-container button").on("click", function( event ) { hiddenBox.
show(); }); ```
```

ajax：

```
js $.ajax({ url: "/api/getWeather", data: { zipcode: 97201 }, success:
function( result ) { $( "#weather-temp" ).html( "<strong>" + result + "</strong>
degrees" ); } });
```

16.2.2　axios

axios 是一个基于 Promise 的 HTTP 请求库，支持浏览器和 Node.js。

示例如下。

```
// get 请求
axios.get('/user?ID=12345')
  .then(function (response) {
    console.log(response);
  })
  .catch(function (error) {
    console.log(error);
  });

// 也可以写作
axios.get('/user', {
    params: {
      ID: 12345
    }
  })
  .then(function (response) {
    console.log(response);
  })
  .catch(function (error) {
    console.log(error);
  });

// 使用 async/await
async function getUser() {
  try {
    const response = await axios.get('/user?ID=12345');
    console.log(response);
  } catch (error) {
    console.error(error);
  }
}
```

16.2.3　Underscore

Underscore 是一个 JavaScript 实用库，提供了一整套函数式编程的实用功能，但是没有扩展
```

任何 JavaScript 内置对象。

Underscore 提供了超过 100 个函数，包括常用的辅助函数：map、filter、invoke，以及更专业的功能：函数绑定、JavaScript 模板、创建快速索引、强类型相等测试等，代码如下。

```
_.map([1, 2, 3], function(num){
    return num * 3;
});

// -> [3, 6, 9]
```

16.2.4 lodash

lodash 是一个一致性、模块化、高性能的 JavaScript 实用工具库。

利用其提供的一些函数，可以很方便地执行某些操作，例如，循环执行某个函数 5 次，代码如下。

```
_.times(5, function(){
    // ...
});
```

16.2.5 Moment.js

Moment.js 是一个 JavaScript 日期处理类库，用于解析、检验、操作，以及显示日期，支持多语言显示，代码如下。

```
// 日期格式化
moment().format('MMMM Do YYYY, h:mm:ss a'); // 六月 9 日 2018, 3:22:02 下午
moment().format('dddd');                    // 星期六
moment().format("MMM Do YY");               // 6 月 9 日 18
moment().format('YYYY [escaped] YYYY');     // 2018 escaped 2018
moment().format();                          // 2018-06-09T15:22:02+08:00

// 相对时间
moment("20111031", "YYYYMMDD").fromNow(); // 7 年前
moment("20120620", "YYYYMMDD").fromNow(); // 6 年前
moment().startOf('day').fromNow();        // 15 小时前
moment().endOf('day').fromNow();          // 9 小时内
moment().startOf('hour').fromNow();       // 22 分钟前

// 日历时间
moment().subtract(10, 'days').calendar(); // 2018 年 5 月 30 日
moment().subtract(6, 'days').calendar();  // 上周日下午 3 点 22
moment().subtract(3, 'days').calendar();  // 本周三下午 3 点 22
moment().subtract(1, 'days').calendar();  // 昨天下午 3 点 22 分
moment().calendar();                      // 今天下午 3 点 22 分
moment().add(1, 'days').calendar();       // 明天下午 3 点 22 分
moment().add(3, 'days').calendar();       // 下周二下午 3 点 22
moment().add(10, 'days').calendar();      // 2018 年 6 月 19 日
```

16.3　框架

框架的目的是为了提高开发及维护代码的效率，还能提高团队合作的效率，适用于应用级的开发。

16.3.1　Angular

Angular 是一个开发平台。它能帮你更轻松地构建 Web 应用。

Angular 集声明式模板、依赖注入、端到端工具和一些最佳实践于一身，为你完成开发方面的各种挑战。Angular 为开发者提升构建 Web、手机或桌面应用的能力。

16.3.2　React

React 是一个用于构建用户界面的 JavaScripts 库，主要用于构建 UI，很多人认为 React 是 MVC 中的 V（视图）。

React 起源于 Facebook 的内部项目，用来架设 Instagram 的网站，并于 2013 年 5 月开源。其拥有较高的性能，代码逻辑非常简单，越来越多的人已开始关注和使用它。

16.3.3　Vue.js

Vue.js 是一套构建用户界面的渐进式框架。其只关注视图层，采用自底向上增量开发的设计。Vue 的目标是通过尽可能简单的 API，实现响应的数据绑定和组合的视图组件。

附录 A Canvas

Canvas 是 HTML5 中新增的一种元素，允许利用 JavaScript 脚本在其上进行图形、图像的处理，例如合成图片、制作游戏等。

本文将从文字与图片合成的例子出发，来讲解如何使用 Canvas。

在使用 Canvas 之前，需要创建一个 HTML 页面，并向其中加入 canvas 元素，代码如下。

```
<!DOCTYPE html>
<html>
<head>
<meta charset="utf-8">
<meta http-equiv="X-UA-Compatible" content="IE=edge,Chrome=1">
<title>Examples</title>
<meta name="description" content="">
<meta name="keywords" content="">
<link href="" rel="stylesheet">
</head>
<body>
    <canvas id="canvas" width="400" height="300">
      你的浏览器不支援 canvas 元素（当浏览器不支援 canvas 元素时将会显示）
    </canvas>
</body>
</html>
```

接下来，就可以使用 JavaScript 来操作 Canvas 了，首先，需要获取 canvas 元素，代码如下。

```
let canvas = document.getElementById('canvas');
```

要使用 canvas 提供的 API，需要先获取其上下文，代码如下。

```
let ctx = canvas.getContext('2d'); // 2d 表示二维绘图，即在一个平面上绘图
```

还是以 Google 的 Logo 为例，首先，将其居中绘制在 canvas 上，代码如下。

```
    let img = new Image();
    img.src = 'https://www.google.com/images/branding/googlelogo/1x/googlelogo_
color_272x92dp.png';

    img.onload = function(){
      ctx.drawImage(this, (canvas.width-img.width)/2, (canvas.height-img.
height)/2);
    }
```

至此，完成了图片的绘制，接下来，就是将文字也添加上去，代码如下。

```
// 设置字体大小
ctx.font = "32pt Verdana";
// 居中
ctx.textAlign = "center";

// 创建渐变
let gradient = ctx.createLinearGradient(0, 0, canvas.width, 0);
gradient.addColorStop("0", "magenta");
gradient.addColorStop("0.5", "blue");
gradient.addColorStop("1.0", "red");

// 填充颜色
```

```
ctx.fillStyle = gradient;
ctx.fillText('Google', canvas.width/2, canvas.height-40);
```

现在，我们已经完成了文字和图片的合成。接下来，将合成后的图片导出，Canvas 提供了 toDataURL() 方法来将其上的数据转换成 Data URL 编码，代码如下。

```
canvas.toDataURL();
```

但调用 toDataURL() 方法时，控制台却抛出了一个错误：Tainted canvases may not be exported，即被污染的画布不能被导出。这是因为向 Canvas 画布上绘制外部图片资源时，存在 CORS 问题，导致画布被污染，使被污染的画布将不能正常使用 toDataURL()、getImageData()、toBlob() 方法。

如果引用的外部资源的域名允许 CORS，那么，我们可以在 img.src 前给图片设置 crossOrigin 属性，以解决这个问题，示例如下。

```
img.setAttribute('crossOrigin','Anonymous');
img.src = ...
```

然而，我们引用的 Google Logo 不允许 CORS 时 Origin 为 null，因此，需要将该 Logo 图片本地化并修改之前的图片地址为本地图片位置，并去除 img.setAttribute('crossOrigin','Anonymous')。

之后，将 JavaScript 代码和图片放在 Server 环境下运行，再次尝试导出 Data URL 编码，示例如下。

```
canvas.toDataURL();
// -> data:image/png;base64,iVBORw0KGgoAAAANSUhEUgAAAZAAAAEsCAYAAADtt+XCAAAg
AElEQVR4Xu2deXxcVdnHf8+5M9O0SdpSmrTsi8gqKHQBlEKapIUioL5adkVceVlcQFS6YLBNUVHgRQVF
xQVQbBFRVtssBQSkad2QfV+ENm2hbfbM3PO8n5ut02z3zs1MOsn85ut+7tne46APxIgARIgARIIgARIIIRYACEgobM5EA
CZAACVBA2AdIgARIgARCEaCAhMLGTCRAAiRAAhQQ9gESIAESIIFQBCggobAxEwmQAAmQAAWEfYAESIAE
SCAUAQpIK...
```

可以看到，导出的图片是 Base64 格式的了，并且默认导出的图片的格式为 png，假如想将数据导出为其他格式的图片，只需要在调用 toDataURL() 方法时传入图片的 MIME 类型即可，示例如下。

```
canvas.toDataURL('image/jpeg');
canvas.toDataURL('image/gif');
canvas.toDataURL('image/jpeg');
```

最后一步，将图片下载到本地，示例如下。

```
let type = 'image/png';
let data = canvas.toDataURL(type, 0.1);
document.location.href = data.replace(type, 'image/octet-stream');
```

当图片的格式为 image/jpeg 或 image/webp 时，还可以指定图片的质量，取值区间为 [0,1]，其值越小，图片的质量越低，值越大，图片的质量越高，默认为 0.92，示例如下。

```
canvas.toDataURL('image/jpeg',0).length;  // -> 1923
canvas.toDataURL('image/jpeg',1).length;  // -> 52531
canvas.toDataURL('image/jpeg',.3).length;  // -> 5699
canvas.toDataURL('image/jpeg',.6).length;  // -> v

// 默认值
canvas.toDataURL('image/jpeg').length;     // -> 16263
```

```
canvas.toDataURL('image/jpeg',.92).length; // -> 16263
```

练习

- 制作一个图片 + 文字组合而成的表情。
- 利用 Canvas 制作一个图片压缩库。

附录 B 前端中的 SEO

SEO 全称 Search Engine Optimization，即搜索引擎优化，指的是为了使网站更易于被搜索引擎抓取和收录，提高网站在搜索引擎内的自然排名所进行的操作。

SEO 的核心在于为用户提供有价值的内容，同时给用户带来良好的体验。围绕这两点，可以延伸出一大批 SEO 操作，例如，原创的高质量文章、内容与网站主题相关、页面加载快、多终端适配、稳定更新。为了推广你的网站还需要一些优质的外链和友情链接。

那么，作为一名前端工作者能为网站的 SEO 做什么呢？

B.1 robots.txt

robots.txt 文件位于网站的根目录，搜索引擎会访问其中的配置信息，从而判断网站的哪些页面是可以被抓取的，哪些是禁止抓取的，示例如下。

```
```js User-agent: *

Disallow: /user/* Disallow: /search/* ```
```

上面的代码表示的就是允许所有搜索引擎抓取，但不允许抓取用户个人中心页面和搜索结果页。这是因为用户个人中心页面可能包含一些敏感信息，在前几年，有些网站的用户个人中心页面就会显示用户的邮箱信息，这些信息被搜索引擎收录后，是能被检索出来的，相当于暴露了用户的个人隐私。而屏蔽搜索结果页的抓取则是为了给用户有更好的体验，想象一下，用户在搜索引擎搜索到结果后跳转到你的网站上的搜索结果页，用户又需要再次从搜索结果中寻找其目标内容，这无疑是相当烦琐的，且浪费了用户的时间。

此外，有些“蜘蛛”是不会遵守 robots.txt 的。

B.2 title

title 必须要能准确地告知用户和搜索引擎页面的内容主题，但切忌过长、关键字堆砌、与内容主题不相关的标题，过长的标题可能会导致标题被截断，无法被搜索引擎全部抓取。关键字堆砌、不相关的标题显然有伤用户体验，需要避免，示例如下。

```
<!DOCTYPE html>
<html>
<head>
<title>浅谈前端 SEO - Web 开发指南</title>
</head>
<body>
    ...
</body>
</html>
```

title 应该是唯一的，不仅一个页面只能有一个标题，网站的不同页面标题也不应该相同。
```

## B.3 meta

合理的 meta 标签可以额外地告知用户和搜索引擎页面的内容信息，示例如下。

```
<!DOCTYPE html>
<html>
<head>
<title> 浅谈前端 SEO - Web 开发指南 </title>
<meta name="description" content=" 前端开发需要注意的一些 SEO">
<meta name="keywords" content=" 前端 ,SEO,web">
</head>
<body>
    ...
</body>
</html>
```

description 的内容可能会被搜索引擎展示在搜索结果页，但其权重低于 title，keywords 是告知搜索引擎页面的内容主题是围绕哪些关键字展开的，其权重更次之。

B.4 其他 HTML 标签

h1~h6 标签用来标记需要强调的重要文字，通过这些标签，用户能够直观地了解页面的核心内容，因此有层次地使用 h1~h6 标签能够提高用户体验，因此利于 SEO。类似的标签还有 em 和 strong，但需要注意的是，不可过度使用这些用于强调文字的标签，这会导致用户难以确定页面的核心内容。通常情况下，页面的 h1 和 h2 标签均不超过一个。

还有以下几点需要注意。

- 语义化的 HTML 标签更有利于“蜘蛛”理解页面。
- 使用面包屑导航明确地告知用户页面之间的上下级关系。
- 不使用 JavaScript 代码输出内容，部分“蜘蛛”不会执行 JavaScript 以获取内容。
- 不使用 iframe，iframe 中的内容不会被“蜘蛛”抓取。
- 为图片添加说明性的 alt 属性。
- 为不需要传递权重的 a 标签添加 rel="nofollow"，如果其 a 标签的 target 属性为 _blank，还需要追加 noopener noreferrer，即 rel="nofollow noopener noreferrer"，以防止用户被钓鱼攻击。

B.5 结构化数据标记

有些搜索引擎，例如 Google、Baidu，允许向你的网站添加使用结构化数据标记，“蜘蛛”会抓取这些标记，以便于在搜索结果页更好地为用户展示内容，示例如下。

```
// Google
<script type="application/ld+json">
{
  "@context": "http://schema.org",
  "@type": "Organization",
  "url": "http://www.example.com",
```

```
    "name": "Unlimited Ball Bearings Corp.",
    "contactPoint": {
      "@type": "ContactPoint",
      "telephone": "+1-401-555-1212",
      "contactType": "Customer service"
    }
  }
  </script>
```

最后一点，切忌不可为了 SEO 效果在页面内对用户隐藏关键性的文字和链接，但对“蜘蛛”可见，这种行为属于对搜索引擎的欺骗，俗称：“黑帽 SEO”，常见操作如下。

- 将字体大小设置为 0。
- 使用透明文字。
- 使用 CSS 隐藏文字。
- 文字颜色与背景颜色相同，例如，在白色背景上显示白色文字。
- 通过链接一个小字符来隐藏链接，例如，逗号。

SEO 的效果是日积月累的，离不开长期的坚持，在进行 SEO 操作时需要不断地分析并改进你的网站，以为用户提供有价值的内容，提升用户的体验为核心，长期坚持下去。

附录 C 编程风格

编程风格并不是强制性的规范约束，保持一定的编程风格的目的是为了代码的可读性及可维护性，因此，不少公司和组织都有自己的编码规范，因 babel 的存在，本文只讨论 ES6+ 下的编码规范。

C.1 减少全局变量污染

尽量避免声明全局变量，在多人协作的项目下，全局变量很容易导致命名冲突。另外，全局变量总是位于作用域链的末尾，查找也比局部变量耗时。

C.2 避免使用 var

避免使用 var，因为 var 会带来一些怪异的副作用，尽量使用 let 替代 var，且 let 和 const 声明的变量具有块级作用域（即 let 和 const 声明的变量只在当前代码块内有效），示例如下。

```
// 不推荐的方式
var a = 1;

// 推荐的方式
{
  let a = 1;
}
```

对于引用类型的数据使用 const 来声明，这是因为 const 所声明的变量无法被重新赋值，因此，使用 const 可以避免变量被覆盖的情况发生，如果确实需要被声明的引用类型的数据可以被重新赋值，请使用 let，示例如下。

```
// 不推荐的方式
var $ = {};

// 推荐的方式
const $ = {};
```

C.3 使用字面量

尽量使用字面量来创建一个对象或数组，new 操作符会带来额外的性能开销，示例如下。

```
// 不推荐的方式
const obj = new Object();
const arr = new Array();

// 推荐的方式
const obj = {};
const arr = [];
```

C.4 字符串

推荐使用单引号（ " ）和 反撇号（``），因为在 HTML 中，属性以双引号包裹（单凭个人习惯），示例如下。

```
// 推荐的方式
let a = 'foo';
let b = `${a}`;
let c = '<div id="test"></div>'
```

C.5 解构

尽量使用解构赋值，因为其能减少临时引用的属性，例如，从数组中提取变量并赋值给另一个变量时，示例如下。

```
const arr = [1, 2, 3];

// 不推荐的方式
const a = arr[0];
const b = arr[1];

// 推荐的方式
const [a, b] = arr;
```

从对象中提取变量并赋值给另一个变量时，示例如下。

```
const obj = {
    name:'',
    age:0
};

// 不推荐的方式
const name = obj.firstName;
const age  = obj.lastName;

// 推荐的方式
const {name, age} = obj;
```

C.6 函数

能够使用匿名函数的，尽量使用箭头函数，并且箭头函数还能够省去手动 bind(this) 的操作，示例如下。

```
// 不推荐的方式
[1, 2, 3].map(function (x) {
    return x * x;
});

// 推荐的方式
[1, 2, 3].map(x => x*x);
```

使用函数声明来代替函数表达式，因为函数声明存在函数提升，示例如下。

```
// 不推荐的方式
const foo = function () {};

// 推荐的方式
function foo() {}
```

此外，在函数中还有如下需要注意的地方。

- 使用剩余参数 rest 来代替 arguments。
- 使用函数的默认参数。
- 避免在条件语句中定义函数。
- 使用 class 声明类来代替原型的方式。

C.7 模块

使用 ES6 的 export 和 import 关键字导出、导入模块，示例如下。

```
// 推荐的方式
// example.js
export function foo(){

};

// main.js
import foo from './example';
```

C.8 其他

使用一定的命名规范，命名需要有一定的含义，且不可为了简洁使用类似单字母的方式命名，示例如下。

```
// 不推荐的方式
const l = function(){
    // ...
};

// 推荐的方式
const login = function(){
    // ...
};
```

使用 void 0 来代替 undefined，避免 undefined 被修改时，出现逻辑判断错误，示例如下。

```
let foo;

// 不推荐的方式
foo === undefined;

// 推荐的方式
foo === void 0;
```

优先使用严格比较来代替比较，示例如下。

```
let foo;

// 不推荐的方式
foo == undefined;

// 推荐的方式
foo === void 0;
```

练习

- 使用 Github 搜索关键字 JavaScript Style，了解更多的 JavaScript 编程风格。